YOUZHI YANYE
DINGXIANG SHENGCHAN
JISHU SHOUCE

优质烟叶
定向生产技术手册

石屹　王永　孙延国◎等著

ZHUCHENGPIAN
诸城篇

U0312965

中国农业大学 出版社
China Agricultural University Press

内 容 简 介

烤烟是山东省重要的经济作物之一,常年种植面积 2 万余公顷,涉及烟农 1 万余户,在烟区乡村振兴中具有重要作用。山东烟叶以干草香韵、正甜香韵为主体,正甜香韵突出,回甜感强,是中式卷烟配方中不可或缺的原料。

为进一步提高山东烟叶品质与工业可用性,山东烟草工商研三方密切合作,突破了土壤适宜性提升、推荐施肥、生育期优化等关键技术,创新了烟叶全收全调模式,整体提升了山东烟叶品质,增加了烟农收入。

本丛书提供了基于"泰山"品牌卷烟需求的烟叶品质提升路径,阐述了临朐、兰陵、诸城优质烟叶生产关键环节的技术要点与注意事项,具有较强的实用性和可操作性,可供该区域烟叶生产管理人员、技术人员、烟农使用,对其他产区也有借鉴意义。

图书在版编目(CIP)数据

优质烟叶定向生产技术手册.诸城篇 / 石屹等著. -- 北京:中国农业大学出版社,2024.5

ISBN 978-7-5655-3136-1

Ⅰ.①优…　Ⅱ.①石…　Ⅲ.①烟叶－生产技术－技术手册　Ⅳ.①TS45-62

中国国家版本馆 CIP 数据核字(2024)第 086941 号

书　　名	优质烟叶定向生产技术手册·诸城篇
作　　者	石　屹　王　永　孙延国　等著

策划编辑	康昊婷	责任编辑	康昊婷　刘彦龙
封面设计	中通世奥图文设计		
出版发行	中国农业大学出版社		
社　　址	北京市海淀区圆明园西路 2 号	邮政编码	100193
电　　话	发行部 010-62733489,1190	读者服务部	010-62732336
	编辑部 010-62732617,2618	出　版　部	010-62733440
网　　址	http://www.caupress.cn	E-mail	cbsszs@cau.edu.cn
经　　销	新华书店		
印　　刷	河北虎彩印刷有限公司		
版　　次	2024 年 5 月第 1 版　2024 年 5 月第 1 次印刷		
规　　格	148 mm×210 mm　32 开本　4.5 印张　113 千字		
定　　价	99.00 元(全三册)		

图书如有质量问题本社发行部负责调换

《优质烟叶定向生产技术手册》
丛书编委会

丛书著作者

前 言
──Preface

烤烟是山东省重要的经济作物之一,主要分布在潍坊、临沂、日照等地区,在促进当地农民增收、推进乡村振兴中发挥了重要作用。同时,山东烟区也是山东中烟"泰山"品牌卷烟原料的主要来源地,山东中烟年度调拨山东烟叶量占其总量的比例达到40%以上。但以往山东烟叶主要应用在"泰山"品牌三类及以下卷烟规格当中,在中高档卷烟配方中使用比例不高。近年来,随着"泰山"品牌一、二类卷烟产销量的大幅提升,山东烟叶在"泰山"品牌配方中的使用矛盾日益突出,如不采取解决措施,山东烟叶无效库存将持续增加,势必影响山东工商双方正常的烟叶生产收购与调拨工作,进而影响到烟农植烟积极性。鉴于此,2019年,山东中烟工业有限责任公司联合中国农业科学院烟草研究所以及潍坊、临沂、日照等地烟草公司,启动实施了"基于'泰山'品牌需求的山东烟叶定向栽培技术与应用"重点科技项目,通过3年攻关,创新设计了烟叶全收全调模式,优化了优质产区布局,构建了山东烟叶分类定向生产技术体系,整体提升了生产水平和烟叶品质,提高了山东烟叶在"泰山"品牌中高档卷烟配方中的使用水平,实现了将山东烟叶独特的"蜜甜香"风格特色转变成"泰山"品牌中高档卷烟产品的竞争优势。为了巩固、落实项目研究成果,为全收全调烟区生产技术人员和烟农提供一部翔实的生产工具书,我们特编写《优质烟叶定向生产技术手册》丛书。

本丛书共分三册,分别为《优质烟叶定向生产技术手册·临朐篇》《优质烟叶定向生产技术手册·兰陵篇》《优质烟叶定向生产技术手册·诸城篇》,其中临朐、兰陵、诸城分别是山东香味型、香吃味型、吃味型烟叶产区的典型代表区。三本手册内容架构基本一致,每本分九章,第一章介绍当地基本情况,第二章提供各地优质烟叶生产途径,第三章描述土壤健康管理内容,第四章介绍各地主栽优良品种,第五章描述培育无病壮苗技术,第六章系统总结田间定向栽培技术体系,包括起垄、施肥、移栽、灌溉、揭膜培土、打顶留叶等各个环节,第七章介绍烟草主要病虫害及绿色防控措施,第八章提供成熟采收与精准烘烤技术,第九章介绍烟叶分级与收购内容。

本丛书以图文并茂的形式详细地描述了烟叶定向生产各个环节的技术要点与注意事项,提供了如何在基于工业需求的情况下开展定向生产工作的思路,文字描述通俗易懂,具有较强的实用性和可操作性,可供广大烟叶生产技术人员、烟农参考使用,保障定向生产技术落实到位。

本丛书编写过程中,中国农业科学院烟草研究所,山东中烟工业有限责任公司,山东省烟草专卖局(公司),山东潍坊烟草有限公司及诸城、临朐分公司,山东临沂烟草有限公司及兰陵分公司,山东日照烟草有限公司等单位给予了大力支持,在此一并表示衷心感谢!

限于编著者水平,书中不足之处在所难免,恳请广大读者批评指正。

2023 年 10 月

著 者

目 录

Contents

第一章

诸城基本情况

一、诸城地理环境

1. 地理位置

诸城是一个历史悠久、文化底蕴深厚、现代文明高度发达的城市，它地处山东省中部，潍坊市南部，东与青岛市黄岛区、胶州市接壤、南与日照市五莲县、莒县毗邻、西与临沂市沂水县接壤，东距青岛港130 km，南至日照港80 km，青兰高速和胶新铁路横贯东西，潍日高速纵贯南北，穿越市境，地理坐标为东经119°0′29″～119°43′56″，北纬35°42′33″～36°21′05″。

诸城全市南北长71 km，东西宽65.7 km，总面积2 183 km²，辖13处镇街和1个高新技术开发区，总人口107万，是国务院确定的全国沿海对外开放城市、综合体制改革试点市、乡村城市化试点市，也是山东省文明城市、中国优秀旅游城市。

诸城气候四季分明，土壤条件良好，水、热、光资源丰富，有利于生产优质特色烟叶。

2. 地形地貌

诸城地形以平原、丘陵为主,全市总面积 327.4 万亩,其中,山地 44.79 万亩,占总面积的 13.68%;丘陵 109.66 万亩,占总面积的 33.49%;平原 140.88 万亩,占总面积的 43.03%;洼地 32.07 万亩,占总面积的 9.8%。诸城全市共有 4 个土类 15 个亚类 17 个土属 70 个土种,主要是棕壤,其次是潮土和褐土。棕壤土类共 150.05 万亩,占全市总土壤面积的 56.54%,其中,棕壤土占该土类的 46.75%。褐土土类面积 43.24 万亩,占全市总土壤面积的 16.3%,分褐土性土、淋溶褐土、褐土、潮褐土 4 个亚类。潮土土类共 55.62 万亩,占全市土壤总面积的 20.09%,分为潮土和湿潮土 2 个亚类。诸城不仅土地资源丰富,而且土壤质地良好,轻壤、中壤土面积达 201.25 万亩,占全市土壤面积的 75.85%。此类土壤水、肥、气、热协调,供水供肥性能好,养分利用率高,是生产优质特色烟叶比较理想的土壤。境内最高点海拔 670 m,最低点海拔 19 m。

3. 气候条件

诸城四季分明,气候适宜,光热资源丰富。年均无霜期 186 d,年平均气温 12 ℃,平均降水量 750 mm。7—8 月高温多雨,降水量占平均年降水量的 64.1%。这种雨热同期的气候特点,有利于烟草的生长发育。全年太阳辐射总量 121.8 kcal/cm²,以 5 月最高,月辐射量 14.8 kcal/cm² 以上,日平均辐射量 477 cal/cm² 以上。历年平均年日照时数 2 574.3 h,日照率 58%,5 月份最多达 266.3 h,2 月份最少为 182.5 h,3—10 月的每月日照时数都在 200 h 以上,6—9 月的总日照时数为 906.9 h,占全年的 35.2%,对各种作物的光合作用都很有利,特别有利于烟叶的生长发育和成熟。历年平均气温 12 ℃,气温稳定通过 0 ℃的平均初日为 2 月 27 日,平均终日为 12 月 6 日,初终日间隔 283 d。≥0 ℃有效积温平均为 4 584.4 ℃,保证率 80%为 4 430 ℃。稳定通过 10 ℃平均初日为 4 月 10 日,平均终日为 10 月 29 日,稳定通过 10 ℃平均日数为 203 d。≥10 ℃平均积温为 4 108.5 ℃,保证率 80%为 4 020 ℃。平均无霜期 184 d,最长 212 d(1959 年),最短 155 d (1968 年)。初霜平均出现在 10 月 18 日,终霜平均出现在 4 月 16 日 (表 1-1)。

表 1-1　诸城烟区主要气象特征

月份	旬	平均气温/℃	降水量/mm	日照时数/h
4 月	上旬	11.35	7.99	74.75
	中旬	13.70	12.19	79.98
	下旬	15.59	13.97	81.14
5 月	上旬	17.59	18.37	82.15
	中旬	18.94	26.29	80.89
	下旬	21.00	15.55	93.53
6 月	上旬	22.03	11.61	78.40
	中旬	23.25	19.35	79.27
	下旬	24.07	43.99	64.23
7 月	上旬	25.21	32.50	64.92
	中旬	25.69	55.78	56.00
	下旬	26.85	62.87	71.06
8 月	上旬	26.45	72.83	63.10
	中旬	25.49	85.18	62.96
	下旬	24.09	61.80	68.86
9 月	上旬	22.80	30.59	65.83
	中旬	21.24	25.84	64.33
	下旬	19.64	15.36	69.69

4. 自然资源

(1)水资源

诸城市水资源总量 6.23 亿 m³,淡水面积 7.35 万亩。境内含水层均属浅层地下水,多年平均地下水资源量 1.31 亿 m³。共有水库

132 座,河流 62 条。

（2）土地资源

截至 2022 年,诸城市有耕地 102 699.58 hm²（1 540 493.70 亩）,园地 5 151.42 hm²（77 271.30 亩）,林地 47 665.12 hm²（714 976.80 亩）,草地 995.37 hm²（14 930.55 亩）,湿地 45.18 hm²（677.70 亩）,城镇村及工矿用地 25 924.74 hm²（388 871.10 亩）,交通运输用地 7 762.73 hm²（116 440.95 亩）,水域及水利设施用地 12 890.86 hm²（193 362.90 亩）。

（3）矿产资源

诸城市探明的主要矿物有 17 种,其中金红石、石榴子石、云母为省内独有。

（4）生物资源

诸城市有野生动物 335 种,珍稀动物数量稀少。境内植物种类繁多,常见的有 200 余科 1 300 余种及变种,其中不乏珍稀草本。

二、诸城社会经济状况

1. 人口状况

第七次人口普查数据显示,截至 2020 年 11 月 1 日零时,诸城市常住人口为 1 078 178 人。全市人口中,男性人口为 544 967 人,占 50.55%;女性人口为 533 211 人,占 49.45%。总人口性别比（以女性为 100,男性对女性的比例）为 102.20,与 2010 年第六次全国人口普查 102.22 相比,下降 0.02 个百分点。全市人口中,居住在城镇的人口为 679 204 人,占 63.00%;居住在乡村的人口为 398 974 人,占 37.00%。与 2010 年第六次全国人口普查相比,城镇人口增加 92 552 人,乡村人口减少 100 596 人,城镇人口比重上升 8.99 个百分点。

2021年,诸城市常住人口107.6万人,常住人口城镇化率达到62.91%。户籍人口111.8万人。人口出生率和自然增长率分别为6.25‰和1.31‰。

2. 经济状况

2021年,诸城市实现地区生产总值(GDP)767.39亿元,按可比价格计算,比上年增长10.1%,两年平均增长6.7%。分产业看,第一产业实现增加值79.56亿元,比上年增长7.6%,两年平均增长5.0%;第二产业实现增加值291.23亿元,比上年增长10.8%,两年平均增长6.9%;第三产业实现增加值396.60亿元,比上年增长10.1%,两年平均增长6.9%。三次产业结构调整为10.37:37.95:51.68。

2022年,诸城市实现地区生产总值805.50亿元,按可比价格计算,增长3.8%。其中,第一产业实现增加值81.44亿元,增长2.7%;第二产业实现增加值308.12亿元,增长3.9%;第三产业实现增加值415.94亿元,增长3.9%。三次产业结构调整为10.11:38.25:51.64,与去年同期相比,第一、三产业比重分别下降0.26个百分点和0.04个百分点,第二产业比重提高0.30个百分点。

3. 农业经济

2020年4月14日,诸城市入选第二批全国农村集体产权制度改革试点典型单位。

2021年,诸城市农林牧渔及其服务业实现增加值83.93亿元,按可比价计算,同比增长7.6%;实现总产值157.6亿元,按可比价计算,增长8.6%;分行业看,农业产值70.8亿元,增长1.7%;林业产值1.1亿元,增长2.2%;畜牧业产值75.8亿元,增长15.4%;渔业产值0.7亿元,增长7.4%;农林牧渔业服务业产值9.3亿元,增长9.5%。

2021年,诸城市粮食作物播种面积189.6万亩,同比增长2.4%。全年粮食总产量78.73万t,增长2.5%。其中小麦总产量38.36万t,增长2.1%;秋粮总产量40.36万t,增长2.9%。据全面统计,油料作物总产量 4.55 万 t,下降 6.4%。棉花总产量 37.2 t,下降 62.4%。烤烟总产量 9 836.2 t,下降 5.5%。蔬菜及食用菌总产量 105.4 万 t,增长 1.6%。

2021 年,诸城市生猪存栏 89.46 万头,牛存栏 4.46 万头,羊存栏 4.57 万只,家禽存栏 2 052.28 万只。全年生猪出栏 112.35 万头,牛出栏 5.85 万头,羊出栏 8.51 万只,家禽出栏 7 025.86 万只。生猪肉产量 9.21 万 t,禽肉产量 10.04 万 t,禽蛋产量 7.20 万 t,牛奶产量 0.32 万 t。

2021 年,诸城市完成人工更新植树面积 21 hm²,四旁(零星)植树 153 万株,森林抚育面积 1 049 hm²。

2021 年,诸城市淡水养殖面积达到 280 hm²,水产品产量 3 447 t。

2021 年,诸城市农业机械总动力达 142.4 万 kW。谷物联合收获机达到 5 130 台,其中玉米联合收获机达 2 400 台。机耕面积 8.14 万 hm²,机播面积 16.44 万 hm²,机收面积 1.46 万 hm²。全年化肥施用量 6.19 万 t。

2022 年,诸城市实现农林牧渔业总产值 163.1 亿元,按可比价格计算,同比增长 4.0%。分行业看,农业产值 73.9 亿元,增长 1.8%;林业产值 1.1 亿元,增长 7.3%;畜牧业产值 77.3 亿元,增长 5.2%;渔业产值 0.7 亿元,增长 12.5%;农林牧渔业服务业产值 10.2 亿元,增长 9.1%。诸城烟区现有烟田约 7 万亩,年产烟叶约 20 万担,是山东最大的烟叶主产区。诸城是我国传统优质烟叶产区,所产烟叶具有"香气浓郁、回味醇和、劲头适中"的优点,受到国内外客户的青睐。

三、诸城烤烟发展状况

1. 诸城烤烟生产历史

(1)全国最早的烤烟种植区之一

诸城地处胶东半岛东南部,是全国烤烟优势种植区之一。自 1959

年开始种植烤烟,至今已有 60 多年的种烟历史。1978 年被确定为全国优质烤烟生产基地,1979 年被确定为全国烤烟出口基地,1982 年被美国大陆公司确定为主料烟开发基地,改写了中国不能生产主料烟的历史。

(2)"诸城模式"的主要参与者

诸城烟草是"商品经济大合唱""贸工农一体化""农业产业化"等"诸城模式"的主要参与者和推进者,在 20 世纪 80 年代到 90 年代,步入烟叶生产发展的高峰期。

在 1984—1987 年的经济大合唱中,诸城烟草充分发挥烟草部门的龙头作用,带领几万户烟农发展烟叶生产。1987 年,带动起 6.2 万户农户发展烤烟面积 14 万亩,烟农总收入达到 4 410 万元。

在 1987—1992 年的"贸工农一体化"中,诸城烟草通过烟叶种植合同化、烟叶生产基地化、种烟服务全程化等举措,真正成为烟草产业的龙头。到 1992 年发展烟农 6.9 万户,烟叶收购量 48.6 万担,烟农收入达到 7 000 多万元。

自 1992 年开始,诸城推行"农业产业化"战略,在推行过程中,诸城烟草根据市场与烟农下订单、签合同,对水利、烤房等方面的投入逐年增多,形成"龙头围着市场转、烟农跟着龙头干"的格局,烟农植烟效益大大提高。1999 年,全市种植烤烟 11 万亩,烟农总收入首次超过 1 亿元。

(3)探索形成"经济比较发达地区"烟叶发展新路子

进入 21 世纪,城乡经济快速发展,农业种植结构加速调整,种烟比较效益不高,导致烟叶种植规模急剧下降,到 2005 年,烤烟面积由 2000 年的 10.4 万亩降至 4.8 万亩。为解决烟叶"稳得住"的难题,诸城积极借鉴和吸取国内外经验,形成"家庭农场＋合作社"的生产经营组织模式,走出了一条在经济比较发达地区发展现代烟草农业的路子,提升了现代烟草农业的建设水平。

2003 年合作社租赁 170 亩土地,试办了第一个烟叶家庭农场。随着国家在土地流转方面的更加支持、烟草企业引导和扶持力度的持续加大,农场数量以年均 50 个的增速不断扩张,农场种烟面积以年均 1 万亩的速度持续递增,家庭农场成长为诸城烟叶生产经营的绝对主体。2013 年,全市发展家庭农场 511 个,种烟面积 9.16 万亩,占总面积的 82.1%。

2008 年,组织成立育苗、农机等专业合作社,开始了专业化服务的探索。当年,共发展烟叶生产和农机专业合作社 26 个。2012 年,以基地单元为平台,对合作社进行整合规范,引导组建起 6 个综合服务型烟农专业合作社,烟农入社率达到 100%,实现了全面覆盖、全程服务、全体受益。近年来,诸城围绕工业需求发展烟叶,围绕高端品牌需求培育特色,按照市场需求进行定区、定量、定位生产,并根据不同用户要求,制定技术实施方案,进一步彰显烟叶风格特色,保障诸城烟叶高质量发展。

(4)诸城优质特色烟叶的形成

从诸城的烟叶生产历史看,烟叶质量在不断发生变化。20 世纪 80 年代以前,对烟叶外观质量强调的是"黄、鲜、净"。自 1982 年大陆公司(现联一国际公司)在诸城开发主料烟获得成功以来,诸城则以"色、香、味"俱佳为烟叶质量的评价标准,特别是通过引进国外先进生产技术,使烟叶质量逐步与国际市场接轨,形成了"香气浓郁、吃味醇和、劲头适中"的山东烟叶典型香气风格,受到国内外客户的青睐。

据国内外卷烟工业的技术人员反映,诸城烟叶有较明显的地域特征,香气浓郁、纯净、舒适,在卷烟配方中易与其他原料配伍。综合多年来国内外客户和专家对诸城烟叶的认知与评价,对诸城烟叶的质量风格特色定位,总结出诸城烟叶有 4 个方面的特点:一是香气浓郁、劲头适中的主料烟风格特色。烟叶外观质量和物理特性的年际间相对稳定,烟叶化学成分年际间的相对变频小,在卷烟配方中易与其他原料配伍;烟叶中的农药残留和重金属残留量,控制在允许范围之内;具有典型的山东烟叶风格特色,适合"中式卷烟"原料需求和主料烟出口贸易。二是金黄鲜亮、身份适中的外观质量。一般表现为,初烤烟叶颜色以浅橘黄、橘黄为主,成熟度好,光泽鲜明,结构疏松,叶片厚薄适中,大小适中,叶面与叶背颜色差异较小,叶尖与叶基部的色调基本一致;烟叶分级纯度、等级合格率和上中等烟叶比例较高,烟叶的醇化潜力好;等等。三是中糖中碱、组分协调的化学成分。具体表现为,烟叶总糖含量 18%～24%,还原糖含量 16%～22%,烟碱含量 1.5%～3.3%,总氮含量 1.5%～2.0%,钾离子含量≥1.5%,氯离子含量≤0.6%,淀粉含量≤5.0%;糖碱比 8～14,氮碱比 0.6～1.0,钾氯比≥3.0。四是质好量足、醇和舒适的吸食品质,主要表现为烟叶感官评吸的香气质较好,香气量较足,劲头适中,余味较舒适,吃味醇和,浓度适宜,杂气、刺激性较小,燃烧性好。

2. 诸城烤烟生产现状

诸城烟区现有烟田约 7 万亩,年产烟叶约 20 万担,是山东最大的烟叶主产区。诸城是我国传统优质烟叶产区,所产烟叶具有"香气浓郁、吃味醇和、劲头适中"的优点,受到国内外客户的青睐。

近年来,诸城市围绕工业需求发展烟叶,围绕品牌需求培育特色,按照市场需求进行定区、定量、定位生产,并根据不同用户要求,制定技术实施方案,形成诸城特色烟叶。一是实施"沃土工程",即采用绿肥压青、秸秆还田和生物肥料使用技术等,培肥地力;实行烟田轮作,即采取烟草—绿肥—烟草、烟草—小麦—烟草、烟草—油菜(丹参)—烟草等轮作方式,改善土壤理化性状。二是依托漂浮育苗技术,全面推广水造井窖移栽,实现了育栽一体、提前集中移栽。三是优化烟株营养结构和营养水平,推广"两增一减"控氮施肥法。建立烟田土壤肥力动态监测点,跟踪土壤肥力变化,随时调整施肥方案;实行有机肥和无机肥相结合,大量元素与微量元素相结合,铵态氮与硝态氮相结合,特别重视有机肥的施用,最大限度地减少化学肥料的施用,增施烟大师等有机肥和甲壳素海藻鱼蛋白冲施肥,减少化学肥料用量;同时,结合烟区实际情况,适当增加栽植密度,实现了增密调氮。四是运用水肥耦合技术,推广节水灌溉和成熟期灌水技术,为烟叶生长提供足够的水分供应;依托滴灌技术,配套推广水溶性液体肥料,实现了水肥一体化。五是实行精作技术。根据不同种植品种特性,通过以氮素为主的营养调控技术和不同栽培、成熟采收、科学烘烤技术,以及不同植物保护对策等配套技术试验,实现了良种良法配套推广。各项配套措施实施,最大限度地提高了烟叶香气质量。

3. 山东中烟程贾基地单元基本情况

山东中烟"泰山"品牌程贾基地单元位于诸城市西部,始建于 2010年,是国家局安排建设的第一批基地单元,下设贾悦烟叶中心站和程戈庄烟叶收购点。近年来,程贾基地单元在潍坊市局(公司)党委的坚强领导和山东中烟工业有限责任公司的具体指导下,坚持走优质特色创新路子,不断转变发展方式,全面推进现代烟草农业建设,在"新三化"、基地单元、合作社建设、两头工场化、中间专业化、科技创新、结构优化、GAP 管理、烟叶基层建设、生态文明建设等方面取得了显著成绩,烟叶生产水平和产品质量不断提升,为全面推行精益生产创造了有利条件,奠定了坚实基础。

程贾基地单元属暖温带半湿润季风气候,四季分明,光照充足,无霜期长,雨量充沛;土地资源丰富,植烟土壤主要为棕壤、褐土,地形以平原、丘陵为主,土壤质地良好,供肥供水性能好,水源丰富,地块完整。单元内规划基本烟田 6.1 万亩,涉及 2 个镇 49 个村,面积稳定;烟叶生产基础设施配套完备,烟农生产经验丰富,技术力量充足。

2022 年基地单元内烟叶种植面积 1.4 万亩,计划收购量 4 万担,种植品种为 NC55、中川 208、中烟 100。程贾基地单元内烟田按照种植布局,采取(1+X)模式划分为若干个种植单位组织烟叶生产。依据服务半径、地域分布和交通条件,程贾基地单元设置 3 个片区,其中,贾悦片区设置 6 个作业单元,程戈庄片区设置 5 个作业单元。每个作业单元按照(1＋X)模式划分了若干个种植单位,每个基本种植单位由一个带头户带动、相邻或相近的家庭农场或种植户联合组成。基地单元内烟站负责技术指导,烟农专业合作社提供专业化服务。

4. 诸城烤烟发展方向

以党的二十大精神和习近平新时代中国特色社会主义思想为指导,贯彻落实"烟叶抓特色与定位"战略部署,坚定中国烤烟"桥头堡"定位和"中棵烟"发展道路,坚持"问题、市场、目标"三个导向,发挥生态地理优势,优化农业资源配置和生产力布局,培育以烟为主的产业带、聚集区,通过管理科学化、技术先进化、作业轻减化、生产绿色化,实现烟草农业现代化,将诸城烟区建设成为具有质量特色的新高地、农业现代化的排头兵、高质量发展的先行区,打造诸城特色烟叶品牌,实现工农政商多方共赢。

第二章

诸城优质烟叶生产途径

一、明确优质烟叶生产目标

卷烟工业对原料的基本需求可概括为:风格特色彰显的上等烟,烟叶等级纯度高,化学成分协调,烟叶安全性高,质量稳定。

1. 风格特征

中间香型,干草香韵突出,蜜甜香韵较明显,微有枯焦气、木质气、青杂气和生青气,烟气浓度、劲头中等,工业可用性较好。感官特征符合表 2-1 要求。

表 2-1　优质烟叶感官评吸指标

项目	烟气特征				评吸质量						工业可用性
	香型	香韵	浓度	劲头	香气质	香气量	余味	杂气	刺激性	燃烧性	
档次	中间香型	蜜甜香韵	中等	中等	中等以上	中等以上	中等以上	中等以上	中等以上	中等以上	较好
标度值					>10.9	>15.9	>18.4	>12.6	>8.9	>3.0	

2. 品质指标

（1）外观质量

叶片成熟度好，烟叶颜色以橘黄为宜，叶面颜色均匀，叶片结构疏松，弹性好，叶片柔软，身份适中，色度强至浓，光泽强，油分有至多，等级纯度高。

（2）物理特性

参考卷烟工业企业文献资料，结合物理特性与烟叶感官评吸质量关系，提出"泰山"品牌优质烟叶物理特性指标参考值范围（表 2-2）。

表 2-2   优质烟叶物理特性指标参考值

部位	叶长/cm	叶宽/cm	单叶重/g	叶片厚度/μm	叶面密度/(g/m²)	含梗率/%	柔软度/mN	填充值/(cm³/g)
中部	50～65	23～29	8～14	90～120	65～80	≤32	10～60	2.8～3.2
上部	48～62	18～24	10～16	110～150	70～95	≤30	10～60	2.8～3.2

（3）化学成分

根据山东烟叶种植区划与品质区划提出的不同类型优质烤烟通用化学成分指标，结合山东中烟实际需求，将全收全调区分为三种类型产区，分别为香味型、香吃味型、吃味型，其中诸城属于吃味型。"泰山"品牌优质吃味型烟叶化学成分指标参考值范围见表 2-3。

表 2-3   优质吃味型烟叶化学成分指标参考值

部位	还原糖/%	总糖/%	淀粉/%	总氮/%	烟碱/%	糖碱比	两糖比	氮碱比
中部	17～22	22～27	1～5	1.8～2.4	2.0～3.0	6～13	≥0.75	0.7～1.0
上部	17～22	22～27	1～6	1.8～2.4	2.4～3.4	4～11	≥0.75	0.7～1.0

部位	K/%	Na/%	S/%	氯离子/%	纤维素/%	半纤维素/%	钾氯比
中部	≥1.4	≤0.06	≤0.60	≤0.80	≤8	≤10	≥2.50
上部	≥1.3	≤0.06	≤0.60	≤0.80	≤8	≤10	≥2.50

（4）感官评吸质量

根据烟叶感官评吸质量标准及评吸结果分布,将评吸得分及质量档次得分分为好、较好、中等、较差及差等 5 个档次。优质烟叶要求感官评吸质量档次达到较好以上。感官评吸质量划分参考值见表 2-4。

表 2-4　感官评吸质量划分参考值

质量档次	评吸得分		质量档次得分
	中部叶	上部叶	
好	≥75.00	≥73.50	≥3.45
较好	73.50～75.00	72.00～73.50	3.30～3.45
中等	72.00～73.50	70.50～72.00	3.15～3.30
较差	70.50～72.00	69.00～70.50	3.00～3.15
差	<70.50	<69.00	<3.00

3. 安全性要求

推广应用高效低毒农药,规避土壤重金属背景值高的区域种植,提高烟叶安全性。严格按照国家烟叶农药最大残留限量执行,其中重点监控指标限量标准见表 2-5。

表 2-5　烟叶安全性评价重点指标限量标准　　mg/kg

序号	类别	中文通用名	英文名称	限量标准
1	有机氯杀虫剂	六六六[a]	benzenehexachloride,BHC	≤0.07
2		滴滴涕[b]	dichloro-diphenylt-richloroethane,DDT	≤0.2
3	有机磷杀虫剂	甲胺磷	methamidophos	≤1.0
4		对硫磷	parathion	≤0.1
5		甲基对硫磷	parathion-methyl	≤0.1
6	氨基甲酸酯杀虫剂	涕灭威	aldicarb	≤0.5
7		克百威	carbofuran	≤0.1
8		灭多威	methomyl	≤1.0

续表 2-5

序号	类别	中文通用名	英文名称	限量标准
9	拟除虫菊酯 杀虫剂	氯氟氰菊酯	cyhalothrin	≤0.5
10		氯氰菊酯	cypermethrin	≤1.0
11		氰戊菊酯	fenvalerate	≤1.0
12		溴氰菊酯	deltamethrin	≤1.0
13	烟酰亚胺 杀虫剂	吡虫啉	imidacloprid	≤5.0
14	除草剂	双苯酰草胺	diphenamide	≤0.25
15		异丙甲草胺	metolachlor	≤0.1
16		敌草胺	napropamide	≤0.1
17	杀菌剂	甲霜灵	metalaxyl	≤2.0
18		菌核净	dimethachlon	≤5.0
19		二硫代氨基甲酸酯^c	dithiocarbamates	≤5.0
20		多菌灵	carbendazim	≤2.0
21		甲基硫菌灵^d	Thiophanate-methyl	≤2.0
22		三唑酮	triadimefon	≤5.0
23		三唑醇^e	triadimenol	≤5.0
24	抑芽剂	二甲戊灵	pendimethalin	≤5.0
25		仲丁灵	butralin	≤5.0
26		氟节胺	flumetralin	≤5.0

注:a. 六六六的检测结果以总量计。

b. 滴滴涕的检测结果以总量计。

c. 二硫代氨基甲酸酯的检测结果以 CS_2 计。

d. 甲基硫菌灵、多菌灵,以多菌灵计。

e. 三唑酮、三唑醇,以三唑酮计。

4. 烟叶产量范围

烟叶亩产量 150～175 kg,上等烟比例达到 50%以上。下二棚烟叶单叶重 8～10 g,腰叶烟叶单叶重 10～14 g,上二棚烟叶单叶重 10～

16 g,顶叶单叶重9～13 g。收购等级合格率80％以上,等级纯度90％以上。

5. 烟叶调拨要求

工商交接等级合格率≥80％,烟叶本部位正组率大于90％。烟叶水分符合国标要求,无压油,无霉变、无虫害。

二、诸城烟叶质量状况

1. 烟叶物理特性

诸城中部烟叶叶长平均值为65.45 cm,其中50.57％的样品处于适宜范围;叶宽平均值为26.85 cm,其中78.16％的样品处于适宜范围。单叶重平均值为16.21 g,其中33.33％的样品处于适宜范围。叶片厚度平均值为108.86 μm,其中43.68％的样品处于适宜范围。叶面密度平均值为79.65 g/m²,其中37.93％的样品处于适宜范围。含梗率平均值为28.17％,其中87.80％的样品处于适宜范围。拉力平均值为1.55 N,有60.00％的样品拉力大于1.5 N(表2-6)。总体来看,诸城中部烟叶物理特性整体中等,叶片宽度、叶面密度、含梗率、拉力总体适宜,但部分烟叶存在长度过长、单叶重过高、叶片较厚、叶面密度较大等问题,还有较大提升空间。

表2-6 诸城中部烟叶物理特性统计

指标	叶长 /cm	叶宽 /cm	单叶重 /g	叶片厚度 /μm	叶面密度 /(g/m²)	含梗率 /％	拉力/N
平均值	65.45	26.85	16.21	108.86	79.65	28.17	1.55
中位数	64.92	26.88	15.31	109.20	79.77	27.51	1.50
标准差	5.76	2.46	3.86	19.90	11.50	3.54	0.24
方差	33.18	6.03	14.87	396.19	132.19	12.54	0.06
峰度	−0.44	0.18	−0.58	−0.54	−0.57	6.61	0.18

续表 2-6

指标	叶长/cm	叶宽/cm	单叶重/g	叶片厚度/μm	叶面密度/(g/m²)	含梗率/%	拉力/N
偏度	−0.03	−0.18	0.43	−0.17	−0.19	1.84	0.73
最小值	51.85	18.90	9.52	63.60	56.41	21.98	1.25
最大值	78.34	32.35	24.86	154.30	101.56	45.59	2.03
置信度(95%)	1.21	0.52	0.81	4.18	2.42	0.77	0.15
变异系数/%	8.80	9.14	23.79	18.28	14.43	12.57	15.79
适宜比例/%	50.57	78.16	33.33	43.68	37.93	87.80	60.00

　　诸城上部烟叶叶长平均值为 62.93 cm,其中 50.00% 的样品处于适宜范围;叶宽平均值为 24.22 cm,其中 58.33% 的样品处于适宜范围。单叶重平均值为 17.70 g,其中 50.00% 的样品处于适宜范围。叶片厚度平均值为 142.67 μm,其中 58.33% 的样品处于适宜范围。叶面密度平均值为 94.00 g/m²,其中 58.33% 的样品处于适宜范围。含梗率平均值为 23.79%,全部样品处于适宜范围(表 2-7)。总体来看,诸城上部烟叶物理特性总体中等,叶片宽度、厚度、叶面密度、含梗率总体适宜,但部分上部叶叶长偏长、偏厚,单叶重偏高,叶面密度较大。

表 2-7　诸城上部烟叶物理特性统计

指标	叶长/cm	叶宽/cm	单叶重/g	叶片厚度/μm	叶面密度/(g/m²)	含梗率/%
平均值	62.93	24.22	17.70	142.67	94.00	23.79
中位数	62.09	23.90	17.10	135.22	89.28	24.64
标准差	6.50	1.52	3.24	24.97	11.63	2.65
方差	42.30	2.30	10.52	623.67	135.21	7.00
峰度	−0.88	−0.31	−0.93	−0.09	0.82	3.24
偏度	0.56	0.02	0.54	0.77	1.18	−1.53
最小值	55.20	21.65	14.01	107.93	82.02	17.06

续表 2-7

指标	叶长/cm	叶宽/cm	单叶重/g	叶片厚度/μm	叶面密度/(g/m²)	含梗率/%
最大值	74.33	26.68	23.71	192.80	120.01	27.19
观测数	12	12	12	12	12	12
置信度(95%)	3.68	0.86	1.83	14.13	6.58	1.50
变异系数/%	10.34	6.26	18.32	17.50	12.37	11.12
适宜比例/%	50.00	58.33	50.00	58.33	58.33	100.00

2. 烟叶化学成分

诸城中部烟叶还原糖含量平均值为 20.85%,其中 80.00% 的样品处于适宜范围。总糖含量平均值为 29.82%,其中 50.00% 的样品处于适宜范围。淀粉含量平均值为 5.93%,其中 20.00% 的样品处于适宜范围。总氮含量平均值为 1.74%,其中 50.00% 的样品处于适宜范围。烟碱含量平均值为 1.95%,其中 46.67% 的样品处于适宜范围。总钾含量平均值为 1.32%,有 30.00% 的样品处于适宜范围。总钠含量平均值为 0.03%,全部样品均处于适宜范围。总硫含量平均值为 0.44%,有 80.00% 的样品处于适宜范围。氯离子含量平均值为 0.84%,其中 50.00% 的样品处于适宜范围。纤维素含量平均值为 5.67%,全部样品均处于适宜范围。半纤维素含量平均值为 8.35%,其中 70.00% 的样品处于适宜范围。烟叶衍生指标糖碱比平均值为 10.38,全部样品均处于适宜范围。两糖比平均值为 0.70,其中 50.00% 的样品处于适宜范围。氮碱比平均值为 0.90,其中 80.00% 的样品处于适宜范围。钾氯比平均值为 1.71,有 16.67% 的样品处于适宜范围(表 2-8)。总体来看,诸城中部烟叶化学成分协调性总体中等偏上,烟叶还原糖、总氮、烟碱、钠、硫、纤维素、半纤维素含量及糖碱比、两糖比、氮碱比均整体适宜,总糖、淀粉、氯离子含量略高,钾含量、两糖比、钾氯比偏低。

表 2-8 诸城中部烟叶化学成分统计

指标	还原糖/%	总糖/%	淀粉/%	总氮/%	烟碱/%	糖碱比	两糖比	氮碱比
平均值	20.85	29.82	5.93	1.74	1.95	10.38	0.70	0.90
中位数	21.11	28.83	6.32	1.73	1.98	10.33	0.71	0.89
标准差	1.73	3.25	1.24	0.20	0.20	1.51	0.05	0.10
方差	2.98	10.55	1.55	0.04	0.04	2.29	0.00	0.01
峰度	−0.20	−0.26	5.17	−0.58	−0.41	1.25	1.56	1.87
偏度	0.61	0.75	−2.04	0.11	−0.18	0.70	−1.08	0.64
最小值	18.96	25.98	2.77	1.38	1.56	8.18	0.59	0.66
最大值	24.16	36.15	7.28	2.15	2.32	13.52	0.76	1.20
置信度(95%)	1.07	2.01	0.77	0.07	0.07	0.94	0.03	0.04
变异系数/%	8.28	10.89	20.95	11.57	10.07	14.57	7.16	11.50
适宜比例/%	80.00	50.00	20.00	50.00	46.67	100.00	50.00	80.00

指标	钾/%	钠/%	硫/%	氯离子/%	纤维素/%	半纤维素/%	钾氯比
平均值	1.32	0.03	0.44	0.84	5.67	8.35	1.71
中位数	1.28	0.03	0.43	0.80	5.66	7.92	1.59
标准差	0.23	0.01	0.17	0.26	0.54	2.21	0.58
方差	0.05	0.00	0.03	0.07	0.29	4.90	0.34
峰度	12.60	−0.51	−0.34	−0.69	−0.12	−0.79	0.04
偏度	2.91	0.29	−0.27	0.55	0.26	0.14	0.81
最小值	0.99	0.02	0.07	0.50	4.83	4.88	0.86
最大值	2.32	0.05	0.74	1.41	6.65	11.59	3.05
置信度(95%)	0.08	0.00	0.06	0.09	0.33	1.37	0.21
变异系数/%	17.43	24.33	37.62	31.05	9.49	26.53	34.05
适宜比例/%	30.00	100.00	80.00	50.00	100.00	70.00	16.67

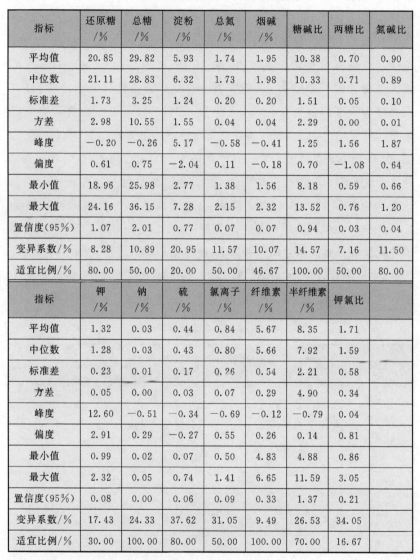

诸城上部烟叶还原糖含量平均值为 21.66%,其中 50.00% 的样品处于适宜范围;总糖含量平均值为 26.04%,有 50% 的样品处于适宜范围。淀粉含量平均值为 4.04%,所有样品均处于适宜范围。总氮

含量平均值为 1.91％,其中 50.00％的样品处于适宜范围。烟碱含量平均值为 2.26％,其中 33.33％的样品处于适宜范围,部分烟叶烟碱含量较低。总钾含量平均值为 1.28％,其中 50.00％的样品处于适宜范围。总钠含量平均值为 0.05％,其中 66.67％的样品处于适宜范围。总硫含量平均值为 0.32％,其中 83.33％的样品处于适宜范围。氯离子含量平均值为 0.94％,仅有 16.67％的样品处于适宜范围。纤维素含量平均值为 4.20％,半纤维素含量平均值为 6.07％,全部样品均适宜。上部烟叶衍生指标糖碱比平均值为 10.73,总体适宜,全部样品均处于适宜范围。两糖比平均值为 0.84,全部样品处于适宜范围。氮碱比平均值 0.86,有 66.67％的样品处于适宜范围。钾氯比平均值为 1.48,仅有 16.67％的样品处于适宜范围(表 2-9)。总体来看,诸城上部烟叶化学成分协调性总体中等偏上,还原糖、总糖、淀粉、总氮、钠、硫、纤维素、半纤维素等含量总体适宜,烟碱、钾含量处于低水平,氯离子高于适宜值范围,糖碱比、两糖比、氮碱比整体适宜,钾氯比低于适宜值范围。

表 2-9　诸城上部烟叶化学成分统计

指标	还原糖/％	总糖/％	淀粉/％	总氮/％	烟碱/％	糖碱比	两糖比	氮碱比
平均值	21.66	26.04	4.04	1.91	2.26	10.73	0.84	0.86
中位数	21.66	26.04	4.04	1.88	2.09	10.73	0.84	0.88
标准差	1.20	4.12	2.45	0.24	0.54	1.11	0.09	0.10
方差	1.44	17.00	5.98	0.06	0.29	1.24	0.01	0.01
峰度	0.00	0.00	0.00	−2.72	−1.94	0.00	0.00	−1.14
偏度	0.00	0.00	0.00	0.20	0.61	0.00	0.00	−0.45
最小值	20.81	23.13	2.31	1.67	1.76	9.94	0.78	0.72
最大值	22.51	28.96	5.77	2.20	2.99	11.52	0.90	0.98
置信度(95％)	1.66	5.71	3.39	0.19	0.43	1.54	0.12	0.08
变异系数/％	5.54	15.83	60.55	12.65	23.72	10.37	10.34	11.44
适宜比例/％	50.00	50.00	100.00	50.00	33.33	100.00	100.00	66.67

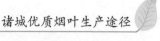

续表 2-9

指标	钾/%	钠/%	硫/%	氯离子/%	纤维素/%	半纤维素/%	钾氯比
平均值	1.28	0.05	0.32	0.94	4.20	6.07	1.48
中位数	1.28	0.03	0.28	0.98	4.20	6.07	1.35
标准差	0.13	0.03	0.16	0.25	0.20	0.62	0.56
方差	0.02	0.00	0.03	0.06	0.04	0.39	0.31
峰度	−0.62	−1.61	1.43	0.93	0.00	0.00	4.09
偏度	0.38	1.01	1.27	−1.09	0.00	0.00	1.87
最小值	1.13	0.03	0.17	0.51	4.06	5.62	0.97
最大值	1.48	0.10	0.61	1.17	4.35	6.51	2.57
置信度(95%)	0.10	0.03	0.13	0.20	0.28	0.87	0.45
变异系数/%	9.98	67.64	51.72	26.69	4.86	10.30	37.82
适宜比例/%	50.00	66.67	83.33	16.67	100.00	100.00	16.67

3. 烟叶感官评吸质量

诸城中部烟叶劲头得分平均值为 3.09,浓度得分平均值为 3.23;香气质得分平均值为 10.96,香气量得分平均值为 15.87,余味得分平均值为 18.07,杂气得分平均值为 12.13,刺激性得分平均值为 9.20,燃烧性得分平均值为 2.88,灰色得分平均值为 3.23。中部烟叶评吸总得分平均值为 72.35,处于中等档次,其中 12.5% 的样品处于好档次,较好以上档次比例为 37.50%。质量档次得分平均值为 3.15,处于中等档次,其中好档次比例为 12.50%(表 2-10)。总体来看,诸城中部烟叶感官评吸质量总体处于中等水平,其中 12.5% 的样品达到好的质量档次,香气质中等,香气量较足,刺激性较小,灰色浅,但余味舒适性不够,杂气较重,燃烧性较差,仍有较大提升空间。

表 2-10　诸城中部烟叶感官质量评价统计

指标	劲头	浓度	香气质 15	香气量 20	余味 25	杂气 18	刺激性 12	燃烧性 5	灰色 5	总得分 100	质量档次
平均值	3.09	3.23	10.96	15.87	18.07	12.13	9.20	2.88	3.23	72.35	3.15
中位数	3.08	3.24	11.09	16.00	18.03	12.13	9.30	2.91	3.20	72.51	3.14
标准差	0.03	0.05	0.58	0.46	0.33	0.58	0.28	0.10	0.15	2.19	0.17
方差	0.00	0.00	0.33	0.21	0.11	0.34	0.08	0.01	0.02	4.79	0.03
峰度	0.44	5.12	−1.41	−0.90	0.75	3.64	−0.44	1.50	0.40	−0.79	0.66
偏度	1.14	−2.12	−0.52	−0.77	0.85	1.52	−1.00	−1.17	0.55	0.20	0.90
最小值	3.05	3.12	10.06	15.11	17.67	11.44	8.75	2.69	3.02	69.40	2.98
最大值	3.15	3.28	11.55	16.31	18.70	13.40	9.50	3.00	3.50	75.90	3.48
置信度(95%)	0.02	0.03	0.40	0.32	0.23	0.41	0.19	0.07	0.10	1.52	0.12
变异系数/%	1.09	1.49	5.26	2.90	1.84	4.82	3.00	3.39	4.56	3.02	5.41

　　诸城上部烟叶劲头得分平均值为 3.21,浓度得分平均值为 3.29。香气质得分平均值为 10.51,香气量得分平均值为 15.68,余味得分平均值为 17.63,杂气得分平均值为 12.20,刺激性得分平均值为 8.81,燃烧性得分平均值为 2.92,灰色得分平均值为 3.19。诸城上部烟叶评吸总得分平均值为 70.93,处于中等档次,其中较好档次比例为 50%,中等档次比例为 50%。质量档次得分平均值为 3.22,处于中等档次,其中较好档次比例为 50%(表 2-11)。总体来看,诸城上部烟叶感官评吸质量总体处于中等档次,有 50% 的样品达到较好档次,劲头、浓度中等,香气质中等,香气量中等,余味稍欠,杂气较少,刺激性中等,燃烧性较差,灰色较浅,质量档次中等。

表 2-11　诸城上部烟叶感官质量评价统计

指标	劲头	浓度	香气质 15	香气量 20	余味 25	杂气 18	刺激性 12	燃烧性 5	灰色 5	总得分 100	质量档次
平均值	3.21	3.29	10.51	15.68	17.63	12.20	8.81	2.92	3.19	70.93	3.22
中位数	3.21	3.29	10.51	15.68	17.63	12.20	8.81	2.92	3.19	70.93	3.22
标准差	0.12	0.08	0.20	0.25	0.24	0.28	0.01	0.11	0.19	1.26	0.16

续表2-11

指标	劲头	浓度	香气质 15	香气量 20	余味 25	杂气 18	刺激性 12	燃烧性 5	灰色 5	总得分 100	质量档次
方差	0.01	0.01	0.04	0.06	0.06	0.08	0.00	0.01	0.04	1.59	0.03
峰度	0.00	0.00	0.00	0.00	0.00	0.00	0.00	0.00	0.00	0.00	0.00
偏度	0.00	0.00	0.00	0.00	0.00	0.00	0.00	0.00	0.00	0.00	0.00
最小值	3.13	3.24	10.36	15.50	17.45	12.00	8.80	2.85	3.05	70.04	3.10
最大值	3.29	3.35	10.65	15.85	17.80	12.40	8.82	3.00	3.32	71.82	3.33
置信度(95%)	0.16	0.11	0.28	0.34	0.34	0.39	0.02	0.15	0.26	1.75	0.23
变异系数/%	3.59	2.44	1.93	1.58	1.39	2.32	0.15	3.74	5.89	1.78	5.06

4. 诸城部分优质烟叶数据

诸城部分烟站优质烟叶数据见表2-12、表2-13。

表2-12　诸城部分烟站优质中部烟叶数据(C3F)

烟站	村	品种	香气质 15	香气量 20	余味 25	杂气 18	刺激性 12	燃烧性 5	灰色 5	总得分 100
程戈庄	张家屯村	中川208	11.58	16.00	19.17	13.17	9.58	3.83	3.25	76.58
贾悦	赵戈庄西村	中烟100	11.50	16.30	18.70	13.40	9.50	3.00	3.50	75.90
贾悦	赵戈庄西村	中川208	11.55	16.25	18.30	12.15	9.40	2.95	3.33	73.93
贾悦	都古泉	中川208	11.50	16.31	18.19	12.13	9.38	2.94	3.31	73.75
贾悦	周家水墩	中川208	11.17	15.63	18.82	12.35	8.83	3.58	3.33	73.72
贾悦	闫家同村	中川208	11.08	15.83	18.58	12.22	8.75	3.67	3.42	73.55

表2-13　诸城部分烟站优质上部烟叶数据(B2F)

烟站	村	品种	香气质 15	香气量 20	余味 25	杂气 18	刺激性 12	燃烧性 5	灰色 5	总得分 100
贾悦	闫家同村	中川208	11.42	16.17	18.50	12.25	9.17	3.75	3.42	74.67
程戈庄	后疃村	中川208	10.80	16.30	17.70	12.20	8.90	3.90	3.50	73.30

三、诸城烟叶质量提升途径

诸城烟叶物理特性总体中等,部分烟叶存在叶片长度过长、单叶重过高、叶片较厚、叶面密度较大等问题,与烟株株型不合理、叶片发育过旺有关。诸城烟叶化学成分协调性总体中等偏上,大部分指标适宜,主要问题是部分烟叶烟碱含量较高、淀粉含量较高,大部分烟叶氯离子处于较高水平。诸城烟叶整体评吸质量中等,主要表现在香气质欠佳、香气量不足,余味欠舒适,杂气、刺激性较大,其原因与烟草发育进程与气象要素不匹配、施肥配方不合理及烟叶氯离子偏高有关。因此,需从以下方面采取措施,提升烟叶质量。

1. 优化烟田布局

优化烟区、烟田、烟农三大结构,使烟区向自然条件好、烟叶质量佳的地区转移。选择最佳种植区域,种植地块以平原、丘陵、缓坡为主,适度成方连片,排灌通畅。土壤类型以棕壤、褐土为主,土壤质地疏松、通透性好,土壤肥力中等,有灌溉条件和设施。严格落实控盐降氯要求,全面排查土壤、水源氯离子含量,严禁在水源矿化度高或氯化物含量超标、土壤盐分高或氯离子含量超过 30 mg/kg 等条件不适合的地块种植烤烟;严禁在前茬作物施肥、施药不适于烟草生长的地块种植烤烟;坚决调整连作 3 年以上的烟田,坚决调整土传病害易发、低洼易涝地块;利用冬闲季种植冬牧 70、二月兰、油菜等绿肥作物,实行深翻深松。培养职业化烟农,选择种烟积极性高、技术强、时间长、水平高、会管理、讲信用的种植主体,重点发展 30～100 亩的种植户。

2. 优化气象要素配置

研究结果表明,对诸城烟叶质量影响最显著的气象因素为温度。诸城烟草大田生育期内平均气温呈现先升高后降低的规律,以 7 月下旬最高。根据诸城气候条件及烟株发育对气象的要求,科学配置气象要素,优化大田生育期,建议育苗时间为 3 月上旬,移栽时间为 5 月上中旬,大田生育期 120～130 d。

3. 调控烟株适度发育

一是适当优化群体结构,实行宽行窄株模式,调整行距为 130 cm,

株距调整为 40～45 cm,亩株数1 200株左右。二是优化肥料用量,实行测土配方施肥。根据土壤肥力调整氮肥用量,一般中等肥力烟田亩施纯氮 5～6 kg 以内。相同肥力的地块,滴灌区比非滴灌区每亩应减少 0.3～0.5 kg 纯氮,增施有机肥,亩施豆饼和大豆 25 kg 以上。三是加强水分管理,特别是移栽后至现蕾期间,如遇长期干旱应及时灌溉。一般伸根期 1 次、旺长期 2～3 次,使烟株前期发育协调,防止后期养分供应过大导致烟叶发育过旺。四是合理留叶,在适当增密基础上,把握好打顶时期与留叶数目,一般要求在 50％烟株中心花开放时打顶,留叶 20 片左右。

四、优质烟叶生长发育进程

1. 优质烟田间长相目标

烟株呈现"中棵烟"长相,前期鼓形、后期微腰鼓形或筒形;平顶期株高 110～120 cm,单株有效叶数 20 片左右;茎叶角度,上部叶小于45°,中部叶 45°～60°,下部叶 60°～80°;田间最大叶长不超过 70 cm,中部烟叶单叶十重 10～12 g。大田发育良好,生长整齐,叶色浅绿至黄绿,群体结构合理,无明显脱肥或营养过剩现象,无明显病虫害,分层落黄明显。平顶后一周内采烤第一炉烟叶。

2. 烟草生育期发育特征规律

烟草从移栽到采收结束所经历的天数称为大田生育期,生育期长短与品种特性和生态条件等因素有关。烟草一生中,其外部形态、内部发育及生理代谢特征均会发生阶段性变化,这些阶段称为生育时期。当 50％以上植株表现出某一生育期特征时,标志烟田进入该生育时期。某一烟草品种进入各生育时期所需有效积温(生育期内逐日≥10℃平均气温的总和)基本恒定,生长在温度较高条件下生育期会适当缩短,而在较低温度条件下生育期会适当延长。

　　烟草从一个生育时期到下一个生育时期所经历天数称为生育阶段时间，每个阶段的发育特征、生长中心、主攻目标均不相同，因此须采取不同管理措施为优质烟生长发育提供保障。烟草生育时期发育特征见表 2-14，烟草生长发育阶段特征及管理要点见表 2-15。

表 2-14　烟草生育时期发育特征

生育时期	移栽期	团棵期	现蕾期
定义	烟苗移栽日期	烟株宽度与高度之比约为 2∶1，株形近似球形，称为团棵期	烟株花蕾出现日期
栽后时间	0 d	32～36 d	58～61 d
有效积温	0 ℃	412 ℃	754 ℃
发育特征	株高:8 cm 茎围:2～2.5 cm 节距:1～1.5 cm 叶长:10 cm 叶数:展开叶 6 片，心内叶 4 片	株高:20 cm 茎围:4～5 cm 节距:2～2.5 cm 叶长:45 cm 叶数:展开叶 24 片，心内叶 10 片 叶原基分化结束，花芽分化开始，进入生殖生长阶段	株高:125 cm 茎围:9～10 cm 节距:4～5 cm 叶长:65 cm 叶数:真叶 40 片，可见叶 30 片 下部叶定长 花蕾出现
田间长相			
生育时期	平顶期	初采期	终采期
定义	烟株上部叶充分展开，茎叶夹角约 60°，称为平顶期	烟叶初始采烤日期	烟叶最终采烤日期
栽后时间	77～79 d	80～82 d	115～120 d
有效积温	1 085 ℃	1 148 ℃	1 680 ℃

续表 2-14

生育时期	移栽期	团棵期	现蕾期
发育特征	株高:120 cm 茎围:9～11 cm 节距:4～5 cm 叶长:70 cm 叶数:有效叶 18～22 片 中上部叶定长	株高:120 cm 茎围:9～11 cm 节距:4～5 cm 叶长:70 cm 叶数:有效叶 18～22 片 下部叶开始采收	株高:120 cm 茎围:9～11 cm 节距:4～5 cm 叶长:70 cm 叶数:上部叶 3～4 片 上部叶采收结束
田间长相			

表 2-15 烟草生长发育阶段特征及管理要点

生育阶段	伸根期	旺长期	调控期	成熟期
定义	移栽期—团棵期	团棵期—现蕾期	现蕾期—初采期	初采期—终采期
阶段时间	32～36 d	24～26 d	20～22 d	40～45 d
平均温度	≥21.5 ℃	24.5 ℃	26.5 ℃	≥23.0 ℃
发育特征	根系迅速生长,主茎缓慢生长,叶片不断出现,有效叶片发生	根系进一步生长,主茎迅速长高长粗,叶片全部出现,叶面积迅速扩大,下部叶达到定长	合理冠层建成,下部叶逐渐成熟,中部叶达到定长,上部叶继续生长	叶片自下而上逐渐落黄成熟
生长中心	根系	根系、主茎、中下部叶片	中上部叶片	上部叶片
主攻目标	促根系生长、叶片发生	保旺长,促叶壮秆	控株形、建冠层	促中上部叶充分成熟

续表 2-15

生育阶段	伸根期	旺长期	调控期	成熟期
主要措施	壮苗适期移栽,提高地温,水肥一体,增加土壤氮库	科学运筹水肥供应,适时追肥,保障灌溉,现蕾揭膜培土	合理打顶留叶,清理底脚叶,注意排水防涝,防止底烘	控水防涝,成熟采收
田间长相				

3. 烟草叶片生长发育规律

烟草叶片一生分为分化期、发生期、定长期和成熟采收期,某一品种叶片达到各发育时期所需有效积温基本恒定,不同品种叶片达到各发育时期的时间和有效积温略有差异(表 2-16、表 2-17)。

表 2-16　烟草叶片生长发育时期规律

时期		分化期	发生期	定长期	采收期
发育特征		茎顶端分化出叶原基,称为分化期	叶原基分裂分化,叶极性轴建立,叶长 0.1 cm,称为发生期	叶片基本达到最大叶长值,叶长 60~70 cm,称为定长期	叶片达到成熟,称为采收期。
下部叶(第3叶)	栽后时间	9~10 d	15~16 d	56~57 d	80~82 d
	有效积温	86 ℃	157 ℃	714 ℃	1 129 ℃
中部叶(第11叶)	栽后时间	19~20 d	25~26 d	69~71 d	96~98 d
	有效积温	205 ℃	275 ℃	910 ℃	1 345 ℃

续表 2-16

时期		分化期	发生期	定长期	采收期
上部叶 (第 20 叶)	栽后 时间	29～30 d	35～37 d	85～87 d	115～120 d
	有效 积温	320 ℃	405 ℃	1 205 ℃	1 680 ℃

表 2-17 烟草叶片生长发育阶段规律

时期		生长期	成熟期
定义		发生期至定长期	定长期至采收期
特征		幼叶经细胞分裂、分化、伸长,腔隙扩展,达到最大叶长值	叶片定长后逐渐衰老,光合产物转化为致香物质,最终达到成熟
下部叶 (第 3 叶)	阶段时间	40～41 d	24～26 d
	平均温度	23.5 ℃	26.5 ℃
中部叶 (第 11 叶)	阶段时间	43～45 d	27～29 d
	平均温度	24.5 ℃	25.5 ℃
上部叶 (第 20 叶)	阶段时间	50～51 d	33～35 d
	平均温度	26.0 ℃	23.5 ℃

第三章

土壤健康管理

一、合理种植制度

烤烟是一种忌连作作物，常年连作能导致烟田土壤板结，土壤养分失调，抑制土壤生物化学过程，烟田有害物质逐年积累，病虫害程度加深，严重影响烟株正常生长发育，造成产量和质量的降低。因此，采用合理的烟田轮作、间作种植制度，是解除连作障碍、改善土壤性状的重要举措。

1. 轮作模式

烟草的轮作周期指在同一地块从当年种植烟草到下一次再种植烟草的间隔年限。例如四年轮作（一年种植烟草，三年种植替代作物）、三年轮作（一年种植烟草，两年种植替代作物）、两年轮作（两季烟草之间种一季或两季替代作物）等。轮作的主要目的之一是尽可能长时间地消除烟草病原体及其寄主植物，因此，轮作周期越长防病效果越好。生产上提倡一年一轮作，保证三年一轮作。轮作的前茬作物最好是地瓜、药材、花生、小米，忌前茬为茄科、葫芦科等作物的地块和前茬施用氯化钾和(或)碳铵的地块。

　　轮作换茬的作用:减轻农作物病虫草害,协调、改善和合理利用茬口,协调不同茬口土壤养分供应,改善土壤理化性状,调节土壤肥力,利用农业资源经济有效地提高作物产量。

　　生产上要以烟叶质量为唯一标准确立 3 个必须调整:一是烟叶内化学成分关键指标不达标的必须调整;二是土壤质地不符合优质烟生产标准的必须调整(包括水源水质不达标、病害发生较重的烟田);三是连作时间超过 3 年的必须调整。

　　目前,诸城烟区常见的轮作模式有烟草—冬牧 70 牧草复种轮作(图 3-1)、烟草—油菜复种轮作(图 3-2)、烟草—丹参两年轮作等,亩效益可增加 25% 以上。

图 3-1　烟草—冬牧 70 牧草复种轮作

2. 间作模式

　　间作是指在同一田块内,两种或两种以上生育季节相近的作物,

图 3-2　烟草—油菜复种轮作

分行或分带间隔种植的方式。目前诸城部分烟区存在烟薯间作模式，正在探索烟豆间作模式。烟薯间作种植模式主要为"2//2"间作模式，如烤烟和红薯（丹参）间作，烤烟垄距 110 cm，红薯垄距 80 cm。对轮作换茬难度大的老烟区，可因地制宜实行烤烟红薯间作，使现有土地资源最大限度地得到休整。地块内实行间作，并轮作，"化整为零"，变"大调整"为"小调整"。如今年种烟的烟行，来年可以种植红薯，红薯行可以种烟，在本块地内实现轮作换茬，进一步改善土壤结构，有效减少土传病虫害的发生，优化烤烟生长环境，改善通风透光条件，有利于防病和土壤保育，提高烟叶质量。

3. 烟草—冬牧 70 牧草种植模式技术规范

根据前期研究结果，结合诸城烟区生产实际，集成构建烟区烟草—冬牧 70 牧草复种轮作模式，提出技术标准规程，为在烟区示范推广提供支撑。烟草—冬牧 70 牧草复种轮作模式将一年种植周期分为

4个部分,分别为烟草—冬牧70茬口衔接、冬牧70种植季、烟草种植季以及烟草—冬牧70茬口衔接,每个部分由多个步骤构成。

(1)烟草—冬牧70茬口衔接(10～15 d)

本部分内容主要为整地、施基肥。

时间:9月下旬。

整地要求:烟草收获结束后及时拔除烟梗、烟根,机械旋耕、耙平,要求地面平整,一般旋耕深度以15～20 cm为宜。

施肥要求:根据土壤肥力情况进行施肥,若肥力中等及以上可不施肥,若肥力较低可每亩施用复合肥(N:P_2O_5:K_2O=1:1:1)20 kg。

(2)冬牧70种植季(约210 d)

①播种

时间:9月下旬至10月上旬。

播种要求:建议播种量8～10 kg/亩,播种深度3～5 cm,行距20 cm。播种后根据土壤墒情及天气情况及时灌溉,保证出苗整齐。

②冬前及冬季管理

时间:出苗后至冬后返青。

内容:a. 查苗补种。播种后,应及时查看出苗情况,若发现缺苗断垄现象应及时补种,补种时须使用浸水一昼夜的种子,以缩小田间苗龄差距。b. 适时冬灌。冬灌的最好时机是"夜冻日消"之时,以日间气温3～5 ℃时(11月下旬至12月上旬)为好,一般田块冬灌1次,灌水量为60～80米³/亩。

③早春田间管理

时间:返青期至拔节期。

内容:酌灌返青水。根据田间土壤墒情进行灌溉,冬灌过的地或积雪比较多的地一般可以满足牧草早春生长的需要,不要轻易灌水。若土壤失墒严重,土壤水分在田间持水量60%以下时,应适时灌好返青水。返青水灌量不宜过大,一般为 60 米³/亩。

④中期田间管理

时间:拔节期至抽穗期。

内容:加强水分管理。拔节期应保持土壤田间持水量 70%～80%。若春雨较多,应及时排水防渍;如低于下限(田间持水量 60%),应及时灌水,灌水量 60～70 米³/亩。

⑤冬牧 70 收获

时间:5 月上旬。

内容:于抽穗期,利用牧草收割机将冬牧 70 收获,运输至饲料加工企业,加工成青贮饲料。

(3)冬牧 70—烟草茬口衔接(10～15 d)

时间:5 月中旬。

内容:主要为整地、起垄、施基肥、覆膜。冬牧 70 收获后,采用翻耕机将残茬翻压还田,翻耕深度以 25～30 cm 为宜;晾晒 1～2 d,再将地块旋耕、耙平。采用机械起垄施肥,垄距 120 cm。起垄时将全部有机肥料与 30% 的无机氮肥、全部的磷肥和 30% 的钾肥双侧条施于垄底,距垄顶 20～25 cm,同时铺设滴灌带覆膜。总氮用量为 4.5～5.5 kg/亩,有机氮占总氮的比例为 40%,N∶P_2O_5∶K_2O＝1∶1∶2.8。

(4)烟草种植季(120～125 d)

①育苗(本步骤在育苗大棚实现,不占用大田时间)

品种要求:当地主栽品种(NC55、中川 208、中烟 100、中烟 101 等)。

播种时间:3 月 10 日至 15 日,成苗时间 60 d 左右。

成苗标准:6 叶 1 芯,株高 6～8 cm。

②移栽

移栽时间:5 月 20 日左右。

移栽方式:井窖式移栽或常规膜上移栽。移栽时打深窝,浇水 2～

3 kg/株。

种植密度:1 100~1 200株/亩,行距120 cm,株距45~50 cm。

③伸根期管理

时间:移栽后至团棵期(0~35 d)。

内容:a. 查苗补苗。移栽后5~7 d,查看烟苗成活情况,烟苗未成活的及时补栽、浇水,保证苗全、苗齐。b. 灌溉促根。移栽后20 d,灌溉1次,保证根系生长发达。

④旺长期管理

时间:团棵期至现蕾期(35~65 d)。

内容:a. 灌溉施肥。移栽后35 d,灌溉1次,并以水带肥,施用50%的无机氮肥和30%的钾肥;移栽后45 d,灌溉1次,并以水带肥,施用20%的无机氮肥和40%的钾肥;移栽后55 d,灌溉1次。b. 揭膜培土。移栽后45 d,将烟垄上的地膜揭掉取出,并中耕培土。

⑤成熟期管理

时间:现蕾期至采收结束(65~125 d)。

内容:a. 打顶抹杈。烟株中心花开放时(约移栽后70 d),进行打顶,留叶20~22片(有效叶18~20片),并抹抑芽剂,有烟杈的要及时抹除。b. 去除底脚叶。打顶后及时去除无采收价值的底脚叶,改善田间通风透光条件。

⑥成熟采烤

时间:7月下旬下部叶开始采收,9月20日前全部采收结束。

采收要求:各部位烟叶正常成熟时进行采收、烘烤,分4~5次采收,上部6片叶一次性成熟采收。

二、合理耕作

1. 耕整地

推行烟田深翻深松耕作技术,基本烟田做到每年深耕一次。冬闲烟田于冬前深耕深翻，一般在秋收结束后趁土壤湿润时进行，在烟田封冻前完成。所有具备条件的烟区地块冬耕深度必须达到 30 cm 以上，耕作层较差的地块冬耕深度应在 25 cm 以上，要求垡面平整、无漏耕墒沟等现象。

春季解冻后要及时耙地保墒(图 3-3)，适时早起垄，具备条件的地块起垄高度力争达到 30 cm 以上。

图 3-3　耙地

2. 秸秆还田

种植油菜、小麦等烟田待轮作作物收获后，将秸秆粉碎深翻还田；也可利用玉米秸秆还田，将玉米秸秆粉碎后平铺于烟田，经过深翻耙耕后增加土壤有机质和矿质营养元素含量。采取优质腐熟秸秆还田，普通棕壤每公顷 7 500 kg，淋溶褐土每公顷 3 750 kg，潮褐土每公顷 2 250 kg。秸秆还田可以促进土壤团粒结构形成，提高土壤通透性，增加土壤微生物数量，有效增加土壤养分和活性有机碳含量，降低土壤容重和土壤穿透阻力，提升土壤田间持水量。秸秆粉碎长度为 1 cm

与 5 cm 效果较好,其中 1 cm 处理能够显著提升土壤中蔗糖酶与脲酶活性。

深耕深翻加秸秆还田技术,可以解决土壤板结、耕作层较浅等问题。

三、培肥土壤

1. 增施有机肥

诸城烟区以大豆有机肥和成品有机肥施用为主。大豆有机肥在使用前需提前发酵,每 100 kg 大豆粉碎后加入 25～30 kg EM 菌稀释液混合堆垛,塑料薄膜盖严,保温密封,每 5 d 左右翻堆一次。将发酵大豆和其他基肥搅拌均匀、起垄施用,每亩施用 40 kg。商品有机肥以经 ISO 质量检测合格的产品为主,作为基肥一次性施入,每亩施用 40 kg。

腐熟大豆有机肥明显改良了土壤主要化学性质,土壤有机质、氮、磷和钾等指标均有不同程度提升,其中有机质、碱解氮、速效钾含量分别较常规施肥增加了 11.29%、5.12%、16.57%(表 3-1)。增施腐熟大豆有机肥后,烤后烟叶杂色烟率和微带青烟率均有所下降,橘黄烟叶产出比例提高了 1.72%;每千克均价增加了 0.63 元,亩产值提高了 202.72 元(表 3-2)。增施腐熟大豆有机肥后,烟叶总糖和还原糖含量均有所提升,总植物碱含量下降,内在化学成分指标更加协调一致(表 3-3)。

表 3-1 不同施肥方式对土壤化学性质的影响

处理	有机质/(g/kg)	碱解氮/(mg/kg)	有效磷/(mg/kg)	速效钾/(mg/kg)
常规施肥	13.46	57.17	23.38	237.45
增施腐熟大豆	14.98	60.10	23.66	276.80

表 3-2　不同施肥方式对经济效益的影响

处理	杂色烟率/%	微带青烟率/%	橘黄烟率/%	均价/(元/kg)	亩产值/(元/亩)
常规施肥	2.53	3.69	93.78	30.22	4 100.85
增施腐熟大豆	2.25	2.36	95.39	30.85	4 303.57

表 3-3　不同施肥方式化学成分指标调查表　　　　　　　　%

处理	总糖	还原糖	总植物碱	总氮	钾	氯
常规施肥	23.68	18.98	2.34	1.99	1.68	0.34
增施腐熟大豆	24.39	20.01	2.21	2.04	1.7	0.38

2. 绿肥还田

种植翻压绿肥是改善烟田土壤理化性质,维持与提高土壤肥力的重要措施。绿肥还田一般就地种植就地翻压,既节约了劳动成本,又休养了地力。绿肥作为一种烟草有机肥资源,不同的种类,其养分含量和 C/N 等因素也各异。绿肥翻压后的分解矿化受土壤温度、水分条件、pH、土壤质地、施肥条件及土壤微生物等因素的影响;同时,各烟区生态条件也是影响绿肥分解矿化的重要因素。绿肥翻压后的效果直接影响烟株的生长发育及烤后烟叶品质。

山东烟区主要绿肥类型有冬牧 70、黑麦草、大麦、紫云英、毛叶苕子、二月兰、大青叶等。9 月中旬烟田采收结束后开始播种,翻压时间一般在烟苗移栽前 30 d 左右。如果翻压时间较早,绿肥生长时期较短,仍十分稚嫩,会导致有机养分积累不足;如果翻压时间过晚,绿肥已开始老化,茎部和叶片中储存的养分较少,在土壤中不容易被分解,无法释放出足够的养分。翻压绿肥后,土壤有机质、碱解氮、pH、有效磷和速效钾等含量见表 3-4,微生物数量见表 3-5。

表 3-4　翻压不同绿肥后土壤的养分含量

绿肥品种	pH	有机质/(g/kg)	碱解氮/(mg/kg)	有效磷/(mg/kg)	速效钾/(mg/kg)
冬牧 70	6.3	25.8	163.0	39.9	231.2
黑麦草	6.5	25.9	169.0	35.5	139.0
大麦	6.2	27.1	155.2	44.3	303.2
紫云英	6.2	26.8	174.0	78.6	361.1
毛叶苕子	6.2	25.7	127.1	44.8	326.5

表 3-5　翻压不同绿肥后土壤的微生物数量

绿肥品种	细菌/(10^5/g)	真菌/(10^3/g)	放线菌/(10^4/g)	硝化细菌/(10^4/g)	反硝化细菌/(10^4/g)
冬牧 70	154.0	25.9	249.6	85.6	171.5
黑麦草	76.5	26.1	274.2	113.1	107.9
大麦	163.9	20.9	277.6	8.6	329.7
紫云英	56.8	33.3	280.5	150.8	107.2
毛叶苕子	99.7	33.9	327.4	45.2	282.3

3. 推广微生物菌肥

因地制宜推广土壤改良剂、调节剂以及微生物菌肥以改良植烟土壤,主要有土著菌田间扩繁剂、ETS 微生物有机肥和木质泥炭土壤调理剂等。微生物菌肥能够有效改善土壤物理特性、提高根际土壤微生物种类及有益微生物丰度、调节土壤酸碱平衡和中和酸化土壤;也能有效提高单位面积内土壤真菌和细菌菌落数量,较传统化学肥料,真菌菌落数提高了 78.03%,细菌落数提高了 83.08%,有效增加了土壤生物活性和有机质含量,提高了土壤有效养分含量,能够满足烟株各个时期生长发育的需求,同时也具有抑制土传病害的作用;还够改善土壤理化性质,土壤速效钾、pH、铵态氮、硝态氮和有效磷含量均明显增加,进而可为烟株各个时期的生长发育提供充足养分。

四、土壤障碍矫正

诸城部分烟区土壤存在酸化（pH 小于 5.5），盐分、氯离子、硫含量高等问题，应针对性地提出矫正方案。

1. 土壤酸化治理

在 pH 小于 5.5 的植烟土壤上施石灰（图 3-4），土壤 pH 可升高 0.7 左右，交换性总酸下降约 30%。石灰施用量根据植烟土壤酸碱度确定，每亩施用量为 60～150 kg/亩，一般不超过 200 kg/亩。考虑石灰土壤施用的后效效应，撒施间隔应为 3～5 年。土壤 pH<4.0，用量为 150 kg/亩；pH 为 4.0～5.0，用量为 133 kg/亩；pH 为 5.0～6.0，用量为 60 kg/亩；pH>6.0，无须施用。白云石粉用量为 100 kg/亩，撒施，耕地前施 50%，耕地后整畦前再施 50%。施用石灰可快速提高土壤 pH 和进行土壤消毒。

图 3-4 施用石灰粉

硅钙钾镁肥是磷石膏、钾长石等在高温下煅烧而形成的碱性土壤调理剂,不仅能调酸改土,还能补充多种大、中微量元素,可有效克服施用石灰等造成的土壤板结,在多种作物上应用效果较好。对土壤pH<5.5的烟田可推广施用硅钙钾镁肥。起垄之前均匀撒施,用量为100~150 kg/亩;起垄时作为基肥与其他肥料均匀混合使用,用量为50~70 kg/亩。硅钙钾镁肥可有效提高植烟土壤pH,适量补足钙、镁中量元素,显著提高烟株大田期综合抗性。同时,硅钙钾镁肥也可提高土壤有效磷和速效钾含量(表3-6)。

表3-6 施用硅钙钾镁肥对土壤理化性质的影响

施用量	碱解氮/(mg/kg)	有效磷/(mg/kg)	速效钾/(mg/kg)	有机质/%	pH
0 kg	54.66	28.00	168.65	0.33	5.04
100 kg	52.34	30.72	188.62	0.47	5.14

2. 土壤降硫技术

硫是烟草生长必需的中量营养元素,但土壤中含量过高则会对烟叶质量产生不良影响。由于烟草是忌氯作物,所以施用钾肥多采用硫酸钾的形式,长年积累造成土壤有效硫含量过高,烟叶硫含量过高。生产上,可从施肥、灌溉、轮作、土壤改良等方面采取措施控制烟叶硫含量。福建、云南中部烟叶硫含量较高且数据变异较大,与杂气呈显著正相关,而四川烟叶硫含量变异较小,且均低于0.3%,与杂气相关性不显著。"山东烟叶主要品质缺陷成因及矫正技术研究"等项目的研究发现,8.6%的烟叶样品硫含量超过0.6%,而且感官质量评价显示,硫与杂气显著相关。烟叶硫含量较高,感官评价时涩口感强,腥味滞舌,杂气类型丰富;含量过高,甚至会有淡淡硫黄气息,因此建议烟叶硫含量控制阈值范围为0.3%~0.6%。

长期定位试验表明,SO_4^{2-}-S含量在土壤各层次中都有累积,主要分布在40 cm以下土壤中。连续施用33年后,正常施硫(3.73 kg/亩)处理,有效硫含量比无硫处理平均增加 12.8%;5 倍多于正常的高硫 (20.13 kg/亩)处理,有效硫含量比无硫处理平均增加 85.6%,而无硫处理土壤有效硫含量无明显变化,这可能与灌溉及干湿沉降等作用将硫带入土壤从而使土壤有效硫保持基本稳定有关。通过计算,33 年来施入含硫肥料的中硫在土壤中的残存率不到 0.5%,施硫量越大,流失量越多。植烟土壤每亩每年施硫 5.22 kg,以每亩耕层土壤 150 t 计算,相当于投入耕层土壤有效硫 34.8 mg/kg。以 0.5% 的残留率计算,每年耕层土壤残留积累有效硫 0.174 mg/kg。山东植烟土壤有效硫含量为 19.88 mg/kg,其中 15% 的土壤超过 35 mg/kg,经过 28 年,这些土壤有效硫含量可达到 40 mg/kg。因此,从目前看,需要降低肥料中硫的施用量,可采用硝酸钾或碳酸钾以替代目前含硫的钾肥。不同碳酸钾替代硫酸钾比例中部叶感官评吸质量得分情况见表 3-7。

表 3-7　不同碳酸钾替代硫酸钾比例中部叶感官评吸质量得分情况

碳酸钾替代硫酸钾比例	香气质 15	香气量 20	余味 25	杂气 18	刺激性 12	燃烧性 5	灰色 5	得分 100
0%	11.65	16.60	18.43	12.43	9.09	3.11	3.50	74.81
25%	11.56	16.57	18.46	12.46	9.06	3.10	3.50	74.71
50%	11.61	16.75	18.52	12.55	9.05	3.15	3.50	75.13
75%	11.62	16.79	18.52	12.51	9.11	3.05	3.50	75.10
100%	11.67	16.81	18.63	12.57	8.80	3.25	3.50	75.23

3. 降氯降盐技术

(1)地块调整或改良

历年烟叶感官质量评价与土壤元素分析发现,大部分评吸质量较低烟叶存在氯离子和盐分含量较高的问题。因此,建议在烟叶氯离子、盐分含量较高区域,排查土壤氯离子和盐分含量。对土壤氯离子和盐分含量过高地块建议轮转;土壤氯离子和盐分含量较高地块实行轮作换茬,或利用冬闲季种植油菜、二月兰等绿肥作物,实行深翻,改良土壤。

(2)水利改良措施

通过灌溉淋洗来调控区域水盐运动,改良盐渍化。山东烟区水分条件较好地区,漫灌应在起垄前 1～2 个月,每亩灌水 100 m³,围水浸泡,1 周后放水排盐,干后施肥起垄。滴灌可在过了烟草旺长期以后,每周 1 次,每次每亩灌水 15 m³。

(3)适时揭膜

为了防止土壤毛细管作用将下层盐分吸到表层,需要适时揭膜或采用降解膜。一般在移栽后 30～35 d 或者烟苗进入团棵期(10～12 片叶)时进行。生长缓慢的烟苗,可略微推迟揭膜,但不宜超过移栽后 40 d。揭膜后可立即进行培土,以防垄体失水过多。

4. 外源污染物治理

加强烟田外源污染物治理,严格执行地膜回收制度,揭膜时将地膜回收处理,烟叶采收后再次进行捡拾回收;加强烟田其他废弃物管理,田间操作时将农用物资废弃物带出烟田。

5. 外源重金属控制

诸城烟区土壤重金属背景值相对较低,且土壤呈中性,烟叶质量目标中的安全性目标,主要需要注意外源重金属的进入。外源重金属控制主要是控制肥料和灌溉水中重金属进入土壤中,保护烟区土壤,使其重金属水平不再增加。

(1)土壤重金属源头控制

外源控制主要是制定烟田外源重金属控制规范,主要控制肥料、灌溉水和农药中重金属进入土壤中,保护烟区土壤,使其重金属水平不再增加。烟区进行肥料调整、灌溉水源调整或烟区调整(新增烟区)时,调查监测烟区相应的土壤、肥料、灌溉水和烟叶重金属含量,确保控制重金属污染风险(表 3-8、表 3-9)。

表 3-8　肥料产品重金属限量标准　　　mg/kg

肥料产品	As	Cd	Pb	Cr	Hg
化学肥料	≤50	≤10	≤200	≤500	≤5
有机肥料	≤15	≤3	≤50	≤150	≤2
水溶肥	≤10	≤10	≤50	≤50	≤5

表 3-9　灌溉水重金属限量标准　　　mg/kg

As	Cd	Pb	Cr	Hg
≤0.1	≤0.01	≤0.2	≤0.1	≤0.001

（2）烟区规划

对照烟区规划与全省采矿、工业分布,确保烟区与易造成重金属污染的采矿地点、工业厂区保持一定距离,同时关注矿石堆积、运输及工业废水、废气和固体废弃物等的影响范围,并定期对烟区分布作出调整。

（3）烟叶重金属控制策略

烟叶阻控和烟叶消减措施相结合。除控制外源重金属进入外,可对土壤施用拮抗剂,也可叶片喷施 Zn、P 元素或生理抑制剂,降低烟草对重金属的积累。另外,还可对土壤重金属进行钝化、吸附等复合技术处理,减少重金属有效性,降低重金属从土壤向烟草的迁移。酸性土壤可以施入碱性矿物（如石灰、白云石粉等）,中性土壤可施入赤泥、油菜秸秆等钝化剂（表 3-10）。

表 3-10　烟区重金属控制策略与土壤性质

土壤重金属含量	土壤 pH	控制策略
低		源头控制
中	>6.5	元素拮抗
中	<6.5	土壤钝化消减
高	>6.5	土壤钝化消减
高	<6.5	复合消减

第四章

种植优良品种

坚持择优选种的原则,紧密结合山东中烟对原料的外观质量和内在质量需求,引导烟农主动调整品种布局,不断优化品种结构。在完善现有优良品种良种良法配套技术规范的基础上,加大品种引进和试验示范推广力度,搞好后备品种资源筛选。诸城烟区确定主栽品种为NC55、中烟 100、中川 208,辅助种植中烟 101、中烟特香 301。

一、NC55

NC55 是美国北卡州立大学用(K326×DH1220)×(K326×Coker371-Gold)杂交培育的烤烟品种,1994 年在美国推广种植,2007年,由山东烟草研究院、云南中烟工业有限责任公司从美国金叶种子公司(Goldleaf Seed Company)引进,开始在中国种植。

1. NC55 主要特征特性

(1)生物学性状

该品种为烤烟雄性不育一代杂交种,大田生育期 120 d 左右。平均打顶后株高 110～120 cm,有效叶数 20～23 片,腰叶长 64.3 cm、宽 29.3 cm,节距 4.9 cm,茎围 10.6 cm,田间生长整齐一致,生长势较强。

株式塔形,叶形长椭圆形,主脉粗细适中,茎叶角度较小,叶色绿,叶尖渐尖,叶缘波浪状,叶面较皱,花序集中,花冠粉红色(图 4-1、图 4-2)。

图 4-1　NC55 单株

图 4-2　NC55 叶片

中抗黑胫病、青枯病,抗烟草蚀纹病毒(tobacco etch virus, TEV)病和马铃薯 Y 病毒(potato virus Y, PVY)病,感烟草普通花叶病毒

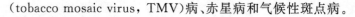

（tobacco mosaic virus，TMV)病、赤星病和气候性斑点病。

（2）经济性状

烟叶产量平均2 370.0 kg/hm²，平均上等烟比例 53.0%，平均上中等烟比例 93.6%。

（3）品质性状

烤后原烟颜色以金黄色为主，成熟度较好，身份稍薄至中等，叶片结构疏松，整体外观质量较好。主要化学成分含量基本适宜，总体较协调。原烟香气透发性好，香气量较足，综合感官质量较好。

2. NC55 栽培调制技术要点

该品种在山东烟区表现较好，适于水肥条件较好的丘陵沙壤土和褐土地块种植，无水源条件、肥力过高的地块不宜种植。亩施纯氮较中烟 100 减少 0.5～1 kg，旺长后期容易出现缺钾症状，需要适当增施钾肥；中等肥力烟田施纯氮量以 67.5～82.5 kg/hm² 为宜，N∶P₂O₅∶K₂O 配比为 1∶1∶3，基肥、追肥比例以 6∶4 为宜。平原地区 5 月 5 日左右移栽，丘陵地区 5 月 10 日左右移栽，种植密度以16 500～18 000株/hm² 为宜。大田期要保证适宜的水分供应，浇足浇透旺长水，否则易出现叶数偏少、上部叶开片不好、比例偏高问题。长势正常的情况下，应于盛花期打顶，打顶过早易导致矮化。根据烟株长势、地力等因素合理留叶，一般留叶数 20～22 片。该品种下二棚叶片大而薄，含水量多，烟筋粗，容易产生枯烟。该品种耐成熟，要提高中上部烟叶采收成熟度，解决易烤性差的问题。上部 4～6 片叶一次性成熟采收，解决上部叶烤后颜色过深、杂色较多的问题。注意对普通花叶病和赤星病的综合防治。

该品种田间分层落黄较好，较易烘烤，掌握好成熟采收；比较耐烤，应适当提高变黄段的主要变黄温度，延长变黄时间，促使烟叶失水，达到烟叶变黄失水同步，解决不易失水的问题。在 46～48 ℃拖长时间，促使烟筋充分变黄，解决青筋问题。烘烤采用中温(40 ℃)中湿(38～39 ℃)变黄，高湿(41～42 ℃)两拖(20 h 以上)慢定色，高湿

(41～42 ℃)阶段式升温干筋。

二、中烟 100

中烟 100 由中国农业科学院烟草研究所选育。该品种是以优质、多抗、丰产为主要育种目标,选用兼抗赤星病、黑胫病等多种烟草主要病害、耐低温的自育新品系 9201 为母本,以易感赤星病、对低温反应敏感的优质烤烟品种 NC82 为回交亲本,经杂交、回交聚合目标性状后,采用系谱法选育而成的烤烟纯系品种。2002 年通过全国烟草品种审定委员会审定。

1. 中烟 100 主要特征特性

(1)生物学性状

移栽至中心花开放期 59～63 d,大田生育期 120 d 左右;打顶后株高平均 116.0 cm,可采叶数 19～22 片,腰叶长平均 61.0 cm、宽平均 30.0 cm,节距平均 4.9 cm,茎围平均 9.5 cm。

株式筒形,叶形椭圆形,叶序 3/8,叶色浅绿,叶面稍皱,叶尖钝尖,叶缘较平,无叶柄,主脉粗细和茎叶角度中等,花序集中,花冠粉红色,蒴果卵圆形(图 4-3、图 4-4)。

抗黑胫病、赤星病,耐气候斑点病,感青枯病,中感 TMV,中抗 CMV。

(2)经济性状

2019—2021 年,山东烟区品种试验结果显示,烟叶产量平均 2 527.65 kg/hm²,均价 27.69 元/kg,上等烟比例 59.8%。

(3)品质性状

烤后原烟浅橘黄色,颜色均匀,光泽强,结构疏松,油分有至多,身份中等,上中等烟比例高。主要化学成分含量适宜、比例协调,香气质较好,香气量尚足。

图 4-3 中烟 100 单株

图 4-4 中烟 100 叶片

2. 中烟 100 栽培调制技术要点

该品种对施肥量适应范围较广,喜肥水,适合中等肥力以上的烟田种植,中上等肥力地块一般施纯氮 75~90 kg/hm²,氮、磷、钾肥配比 1:1:(2~3),栽植密度 16 500~19 500 株/hm²。视田间长相和营养状况于现蕾或中心花开放时打顶,留叶数 19~22 片。

成熟时叶片由下至上分层落黄明显,落黄快且整齐,耐熟性中等,下部叶适熟、中部叶成熟、上部叶充分成熟后采收。易烘烤,耐烤性较好,烘烤特性好。种植要避开根茎病害高发地块和白粉虱易发区域,要避免在黏重黑土地块种植;对病毒病的自我修复能力较强,但感普通花叶病,易感马铃薯 Y 病毒病,要注意对病毒病的综合防治。

三、中川 208

中川 208 是根据卷烟工业和烟叶生产对烟叶质量性状和经济性状的需求,以优质、适应性强、抗 TMV 为主要育种目标,在保证烟叶质量的前提下,兼顾抗病性、经济性状等重要指标,以优质稳产、适应性较强的烤烟品种中烟 103 的雄性不育同型系 MS 中烟 103 为母本,优质、抗病的烤烟品系 T136 为父本,选育而成的烤烟雄性不育杂交种。

1. 中川 208 主要特征特性

(1)生物学性状

移栽至中心花开放 65 d 左右,大田生长期平均 125 d 左右。根据多年平均结果,中川 208 平均打顶株高 125.0 cm 左右,可采叶数 20.0 片左右,腰叶长 73.0 cm 左右、宽 34.0 cm 左右,节距 6.5 cm 左右,茎围 10.0 cm 左右;与 K326 相比,中川 208 株高较高,茎围略粗,腰叶略短,略宽。

株式塔形,田间生长势强,主要植物学性状表现整齐一致。着生叶数 24 片左右,叶形长椭圆,叶面稍皱,叶色绿,叶尖渐尖,主脉中等,茎叶角度中等,节距中等,花枝较集中,花冠粉红色,蒴果卵圆形(图 4-5、图 4-6)。

图 4-5 中川 208 单株

图 4-6 中川 208 叶片

对 TMV 免疫,中感至中抗黑胫病、根结线虫病,感至中抗 CMV 和 PVY,感至中感青枯病和赤星病。

（2）经济性状

2019—2021 年,山东省烤烟品种试验结果显示,烟叶产量平均 2 400.30 kg/hm²,均价 28.81 元/kg,上等烟比例 56.0%。

（3）品质性状

综合郑州烟草研究院对全国区试样品质量评价结果及农业农村部烟草质量检验监督测试中心原烟样品质量评价结果,中川 208 原烟外观质量优于 K326 及云烟 87;烟叶钾含量较高,各化学成分含量均在适宜范围内,内在化学成分协调性较好;感官质量优于云烟 87,相当于 K326。

2. 中川 208 栽培调制技术要点

该品种田间生长势较强,适于在中等肥力及以下地块种植,尤其适于丘陵沙壤土,要避开高肥力地块。对氮肥较敏感,过大不易烘烤,过小影响烟株的开片。因此,适量施氮是种植要点,并注意适量增施钾肥。成熟期叶片自下而上分层落黄明显,较耐成熟;该品种叶片含水量略大,烘烤时变黄速度略慢,需根据实际情况适当延长变黄时间;注意排湿。注意对青枯病和 PVY 的预防。

四、中烟 101

烤烟品种中烟 101 是以优质特色烤烟品种红花大金元为母本,优质抗病品种 Speight G-80 为父本,经杂交重组和系谱法定向选育而成的烤烟纯系品种。选育目标是在优质特色品种的遗传背景下,通过定向改良达到提高育成品种对主要病害的抗耐性和适应性。2002 年提交并通过全国烟草品种审定委员会审定。

1. 中烟 101 主要特征特性

（1）生物学性状

移栽至中心花开放期 60 d 左右,大田生育期 120 d 左右;打顶后株高平均117.0 cm,可采叶数19片左右,腰叶长平均61.5 cm、宽平均28.7 cm,节距平均5.0 cm,茎围平均9.0 cm。

株式筒形,叶形长椭圆,叶色深绿,叶面略皱,叶尖渐尖,叶缘波浪,无叶柄,主脉粗细和茎叶角度中等,花序较松散,花冠粉红色,蒴果卵圆形(图4-7、图4-8)。

图4-7 中烟101单株

与对照品种NC89或K326比较,田间生长势较强,节距较大,株高较高,有效叶数、叶色与NC89相当,较K326叶色绿,有效叶数少1~2片。

图 4-8　中烟 101 叶片

抗黑胫病、赤星病，感青枯病，中抗 TMV、CMV 和 PVY。

（2）经济性状

2019—2021 年，山东省烤烟品种试验结果显示，烟叶产量平均
2 272.50 kg/hm²，均价 26.50 元/kg，上等烟比例 62.9%。

（3）品质性状

烤后原烟浅橘黄色，较 NC89 略浅，颜色均匀，光泽强，结构疏松，
油分稍多，身份中等。原烟主要化学成分含量适宜、比例协调。原烟
香气质较好，香气量较足，余味较舒适，主要吸食指标不低于 NC89
和 K326。

2. 中烟 101 栽培调制技术要点

该品种需肥性中等，与 NC89 相当，适于在中等肥力及以下地块
种植，肥力过高的地块不宜种植。该品种不耐肥，施氮量与 NC55 相
当，北方烟区中等肥力地块，一般施纯氮 67.5～82.5 kg/hm²，氮、磷、
钾肥配比 1∶（1～2）∶3 为宜，重施基肥、及早追肥。栽植密度16 500～

19 800株/hm²。视田间长相和营养状况适时打顶,一般第一中心花开放期打顶,长势过旺时适当延迟打顶时间。下部叶适熟、中部以上叶成熟时采收。该品种成熟落黄慢、耐成熟,下部叶要注意适当早采,中上部叶要提高田间成熟度采收。田间成熟度不够,易导致烘烤难度加大。烘烤技术按"三段式"烘烤工艺较易烘烤。烘烤时应保证烟叶变黄与脱水干燥程度协调,一般要求烟叶变至5~6成黄时达到叶片发软,变黄至8~9成时达到主脉变软,45~48 ℃时达到黄片黄筋小卷筒,54~55 ℃时烟叶大卷筒,干筋温度最高不超过68 ℃。耐病毒病是该品种的优势,可安排种植在易感病毒病地块,后期要注意对赤星病的预防。

五、中烟特香 301

中烟特香 301 是中国农业科学院烟草研究所、中国烟草总公司山东省公司、湖南中烟工业有限责任公司为适应烟草生产对优质、适产、抗病性烤烟品种的需求,及卷烟工业对烟叶高香气和特征香韵风格的需要,从甲基磺酸乙酯(EMS)诱变中烟 100 创制的大量突变体中,通过人工闻香并结合气相色谱质谱联用仪(GC-MS)的挥发性香气成分检测鉴定出一份具有玫瑰香韵(怡人香)的高香气突变材料,再采用系谱法选育而成的烤烟品种,是烟草基因组计划实施以来第一个品质定向改良的特色香气烤烟新品种。

1. 中烟特香 301 主要特征特性

(1)生物学性状

移栽至中心花开放 65~70 d,大田生育期 130 d 左右。2016—2019 年山东、河南和云南等地小区和生产试验结果显示,平均打顶株高 113.0 cm,可采叶片数 19.4 片,茎围 10.8 cm,节距 5.5 cm,腰叶长74.7 cm、宽 28.9 cm。

株式塔形,叶形长椭圆,叶面略皱,叶片厚度中等,叶色绿,茎叶角度中等,主脉粗细中等至较粗,节距中等,花序较集中,花冠粉红色,蒴果卵圆形(图4-9、图4-10)。

图4-9　中烟特香301单株

与对照品种中烟100比较,中烟特香301株高稍矮,可采叶数略少,茎围稍粗,节距略短,叶片较长、略窄。

图 4-10　中烟特香 301 叶片

抗赤星病,中抗黑胫病和 TMV,中感 PVY 和 CMV,感青枯病。

(2)经济性状

2018—2021 年,山东产区的试验结果显示,中烟特香 301 在山东烟区平均产量 2 379.00 kg/hm²,均价 28.40 元/kg,上等烟比例 66.2%,平均中上等烟比例 96.4%。

(3)品质性状

中烟特香 301 烤后原烟柠檬黄至橘黄,颜色均匀,成熟度较好,叶片结构疏松,身份中等,油分有至多,色度中等,整体外观质量与中烟 100 相当。主要化学成分还原糖、总糖和钾含量较高,总植物碱和氮含量略低;各主要化学成分含量在适宜范围内,整体协调性较好。工业评价中烟特香 301 和中烟 100 香型风格基本一致,凸显程度较高,其花香香韵、青香香韵明显,果香香韵略有增加,整体质量优于中烟 100。

经国家烟草质量监督检验中心检测,与对照相比,中烟特香301主流烟气总粒相物、焦油、烟碱含量,以及7种有害成分(CO、氰化氢、N-亚硝胺、氨、苯并[a]芘、苯酚和巴豆醛)含量普遍降低,以苯并[a]芘、苯酚含量降低最为显著。

2. 中烟特香301栽培调制技术要点

该品种在黄淮区,需氮量与中烟100相当,N、P_2O_5、K_2O配比1:(1~2):3,种植密度以每亩1 000~1 100株为宜,单株留叶数18~22片,中心花开放时打顶。烟叶成熟特征明显,采用三段式烘烤工艺,易烘烤。叶片含水量稍大,宜采用低温变黄,适当延长定色时间。注意对青枯病、PVY、CMV等病害的防治。

第五章

培育无病壮苗

诸城烟区目前主要应用的育苗方式为漂浮育苗。烤烟漂浮育苗技术是指将烟草种子通过直播的方式播种在育苗盘上的基质中,并将育苗盘放置在营养液中使其漂浮,在人工创造的条件下,提供烟苗生长所需的光、温、水、氧气、营养物质等,使烟苗正常生长发育。漂浮育苗能够为烟苗提供更适宜的生长环境,促进烟苗更好地生长发育,苗期短、质量高,可降低病虫害发生率,提高整齐度和壮苗率。

一、适龄壮苗标准

(1)常规移栽　苗龄 60~65 d,真叶 8~10 片,茎高 8~10 cm,茎围 2.2~2.5 cm;烟苗清秀无病,叶色绿,叶片稍厚,根系发达,茎秆柔韧性好,烟苗群体均匀整齐。

(2)井窖式移栽　苗龄 55~60 d,真叶 6~7 片,茎高 6~8 cm,茎围 2.0 cm 左右;烟苗清秀无病,叶色绿,叶片稍厚,根系发达,烟苗群体均匀整齐。

图 5-1 为适龄壮苗。

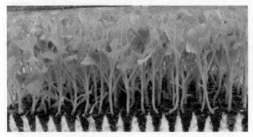

图 5-1　适龄壮苗

二、苗床准备

1. 苗池制作

根据漂浮育苗盘的规格设计育苗池的尺寸,育苗池的深度为 16～18 cm,长度、宽度为育苗盘长宽整数倍多 2 cm。育苗池底部平实,底面水平高度差不超过 1 cm,用 0.07 mm 的薄膜垫底。

2. 消毒技术

(1)苗棚消毒

育苗前 10 d 清除棚内外杂草、杂物,用 10％～30％的漂白粉 20

倍稀释液或 40％育宝 150 倍稀释液喷施,或用漂白粉干粉撒施在棚四周杀灭病菌。

(2)整畦消毒

苗棚整畦见图 5-2。苗畦消毒:按 50 g/m²,将斯美地兑水稀释成60 倍液均匀浇施在苗畦表面,药液湿透表土 4 cm 以上。用薄膜密封7 d,然后揭去薄膜,并对苗畦进行划锄松土,晾晒 7 d 后整平。

图 5-2　苗棚整畦

(3)育苗盘消毒

提前 7 d 进行,消毒剂可使用 40％育宝 150 倍稀释液,处理后用清水清洗,防止影响出苗率,晾干后铺垫或装盘播种。

(4)剪叶工具消毒

采用 10％～30％漂白粉稀释液 20 倍或 40％育宝 100～150 倍稀释液消毒处理,刀片在消毒液中浸泡 3 min 以上,使用药剂后须用洁净水洗净刀片。

（5）移栽结束后育苗盘消毒

移栽结束后，先进行育苗盘消毒和清洗后，再保存。首先冲刷掉黏附在育苗盘上的基质和烟苗残体，将消毒液均匀地洒在育苗盘上，或将育苗盘在消毒液中浸湿后堆码，用塑料布覆盖，在太阳下密闭7～10 d。利用高温高湿和消毒药剂，加快育苗盘上烟草残体的腐烂和病原菌的死亡。消毒后用清水洗干净。

三、适期播种

1. 基质装盘

装盘场地：选择平整、卫生的场地。

装盘原则：均匀一致，松紧适度。

装盘方法：装盘前将基质喷水搅拌，让基质稍湿润，达到手握成团、触之即散的效果（含水量约40%）。然后把基质放在盘面上，用木板将基质均匀地推入苗穴，如此反复2～3次，使每个苗穴的基质装填量均匀一致。装满后轻蹾苗盘，一般离地20 cm高度，自由落体2～3次即可，使基质松紧程度适中；蹾盘后用木板将盘面多余基质刮去，防止污染水池。

2. 播种时间

播种时间根据移栽时间倒推60 d确定，一般为3月1—10日。

3. 播种

采用机械播种方式（图5-3）。

播种时要先进行试播，调整压穴器深度为3～5 mm，使包衣种子播在穴内正中；每穴播1粒包衣种子，并由专人进行补种，保证有种率100%。播种后的苗盘不喷水裂解，边装盘、边播种、边放入育苗池。

图 5-3　装基质、播种一体机

四、苗期管理

1. 水分管理

苗池用水必须清洁、无污染,可使用井水,禁止用池塘或污染的河水。在使用非自来水的情况下,每千克水可用 10～15 mg 漂白粉粉剂直接撒于营养池中消毒。苗池水深度应保持在 8～10 cm,成苗后可保持在 5 cm,移栽前 7 d 断水锻苗。

2. 营养管理

施肥方式:采用滴灌追肥系统。

施肥时间和浓度:第一次施肥在烟苗出齐后施入 150 mg/kg 氮素浓度的肥料;播种后 6 周第二次施肥,氮素浓度为 100 mg/kg;移栽前 2 周,根据烟苗长势酌情施肥,氮素浓度为 50 mg/kg。每次施肥时应检查苗床水位,若水位下降要注入清水至起始水位。

3. 温湿度管理

从播种到出苗,棚内温度控制在 20～28 ℃。在烟苗大十字以前,以保温为主,棚内温度控制在 30 ℃以内,若低于 15 ℃,应及时采取保温措施。在烟苗大十字以后,棚内温度控制在 35 ℃以内,若高于此,及时采用通风、换气、遮阳等方法降温。

育苗前期在注重保温的同时,密切关注大棚湿度情况,当大棚内出现水雾时,应于上午适时进行通风排湿。

4. 剪叶

剪叶时操作人员和剪叶工具须严格消毒。

封盘后开始剪叶,在距生长点 3 cm 以上位置,剪去叶片 1/3;以后每 5～7 d 修剪 1 次,每次剪去大苗大叶的 1/3～1/2。视烟苗的大小和长势修剪 3～4 次。

剪叶在叶片无露水时进行,剪叶后要及时清理留在育苗盘上的叶片残屑。

对于发病或有疑似病症的育苗盘不剪叶,及时拔除发病烟苗,同时对有疑似病症的育苗盘加强药剂防治。

5. 锻苗

移栽前 7～10 d 排掉营养液,控水断肥。当烟苗萎蔫早晨不能恢复时喷水,使叶片挺直。如此反复,干湿交替使烟苗逐渐适应缺水环境(图 5-4)。

五、苗期病虫害防治

1. 侵染性病害及虫害防治

猝倒病、黑胫病和炭疽病是漂浮育苗生产中的主要病害,苗床卫

图 5-4 剪叶锻苗

生是苗床防病的最主要措施。经常对苗床进行通风排湿、加强光照是减少发病的重要条件。必要时可使用国家烟草行政主管部门推荐的相应药剂进行防治。

2. 控制绿藻

苗床空气湿度过高,水面直接受光时易产生绿藻。控制绿藻的具体做法如下。

(1)在制作苗池时,依照育苗盘的数量确定苗池的大小,使育苗盘摆放后不暴露出水面;

(2)加强通风,降低棚内湿度。

第六章

田间定向栽培技术

一、起垄

（1）起垄时间　一般要求在 4 月 1—10 日起垄。对于地膜覆盖烟田，特别是先覆膜后栽烟和膜下小苗移栽的烟田，更应趁墒早起垄盖膜，保住土壤墒情。

（2）垄体规格　土层深厚，土壤保肥保水能力强的地块，垄距 120～130 cm，垄高≥25 cm，垄底宽 65～70 cm，垄顶宽 35～40 cm；土层较薄，土壤保肥保水能力差的地块，垄距 110～120 cm，垄高 20～25 cm，垄底宽 65～70 cm，垄顶 30～35 cm。起垄标准应达到垄直、行匀、土细，垄体饱满无碎石，无其他易刺破地膜的锐利物。

（3）垄行走势　平地南北走向起垄，缓坡地沿等高线起垄。

（4）起垄方法　人工起垄的，起垄前要充分细犁细耙，使烟田土壤疏松，土碎耙平，按规划的垄距划线定位，其后按照双条带施肥方法施入基肥，即可进行起垄。起垄后用锄头或钉耙等整理垄体。机械起垄的，调试好机械设备，按照设定的宽度，实现旋耕与高标准成垄相结合。鼓励大小行起垄，以方便烟田操作。

起垄后，根据土壤墒情等因素，可选择先覆膜后移栽或先移栽后覆膜2种覆膜方式。在覆膜时应使地膜与垄面紧紧相贴呈相对密闭状态，覆膜前垄上要喷除草剂。

二、合理施肥

1. 土壤肥力分级及推荐施肥量

利用相对产量对土壤肥力分级，将土壤肥力分为低、较低、适宜、较高和高五个等级，其中较低、适宜、较高三个等级的分级标准如表6-1、表6-2所示。不同土壤肥力分级下施肥基本原则不同，土壤肥力等级为低的区域，施肥目标为培肥地力，施肥基本原则是提高性施肥；土壤肥力等级为较低的区域，施肥目标为增产和培肥地力，施肥基本原则是提高性施肥；土壤肥力等级为适宜的区域，施肥目标为保证产量和品质，维持地力，施肥基本原则是维持性施肥，采用常规施肥量；土壤肥力等级为较高的区域，施肥目标为保证产量和品质，控制环境风险，施肥基本原则是降低环境风险，在常规施肥量基础上减少30%～50%；土壤肥力等级为高的区域，在可行条件下调整种植区划。

表6-1 土壤供氮能力分级

碱解氮含量 /(mg/kg)	有机质含量/%		
	<1.0	1.0～1.5	>1.5
<50	较低	较低	适宜
50～65	较低	适宜	适宜
65～70	适宜	适宜	较高
>70	适宜	较高	较高

表 6-2　土壤供磷能力和供钾能力分级　　　　mg/kg

等级	较低	适宜	较高
有效磷含量	<25	25～40	>40
速效钾含量	<150	150～220	>220

　　根据氮肥推荐方法及土壤肥力的分级标准,利用 QUEFT 模型,对不同土壤供氮、供磷、供钾能力的土壤,根据目标生物学产量计算获得理论氮肥、磷肥、钾肥推荐用量,再结合产区实际,建立不同土壤肥力等级下的肥料推荐用量。具体结果如表 6-3 至表 6-5 所示。

表 6-3　不同土壤肥力下氮肥推荐用量　　　　kg/亩

土壤供氮能力分级	目标产量	氮肥推荐用量
较高	180	2.4～4.5
	170	2.5～3.5
	150	1.5～2.5
适宜	180	4.5～5.5
	170	3.5～4.5
	150	2.5～3.5
较低	180	5.5～6.5
	170	5.0～5.5
	150	4.5～5.0

表 6-4　不同土壤肥力下磷肥推荐用量　　　　kg/亩

土壤供磷能力分级	目标产量	磷肥推荐用量
较高	180	3.7～4.0
	170	3.5～3.7
	150	3.5
适宜	180	4.0～4.5
	170	3.7～4.0
	150	3.5～3.7
较低	180	4.5～5.0
	170	4.0～4.5
	150	3.7～4.0

表6-5　不同土壤肥力下钾肥推荐用量　　　　kg/亩

土壤供钾能力分级	目标产量	钾肥推荐用量
较高	180	13.0~13.5
	170	12.0~13.0
	150	12.0
适宜	180	13.5~14.5
	170	13.0~13.5
	150	12.0~13.0
较低	180	14.5~15.5
	170	13.5~14.5
	150	13.0~13.5

2. 施肥原则

全面推广测土配方、平衡施肥技术。坚持基肥、提苗肥与追肥、叶面肥相结合,有机肥与无机肥相结合,大量元素肥料与微量元素肥料相结合的原则,确保烟株营养平衡、长相合理、发育正常、分层落黄。增加大豆饼肥等优质有机肥的使用比例和数量,改善烟叶外观品质和内在质量。重视中微量元素的使用,特别是锌肥、硼肥、镁肥的施用。

3. 施肥种类与方式

施肥种类及施肥量:有机肥为商品有机肥或豆饼,无机肥为烟草专用复合肥($N：P_2O_5：K_2O＝10：10：20$)、磷酸二铵、硝酸钾和硫酸钾(土壤酸化或硫高区域可用碳酸钾部分替代)、中微量元素等。亩施纯氮控制在5 kg左右,N、P_2O_5、K_2O比例为$1：1：3$左右;有机肥含氮量控制在总氮量的30%左右,豆饼或大豆每亩用量25 kg以上。

施肥方式:推行基肥、追肥与叶面喷肥相结合的立体施肥模式。其中,基肥用量宜占施肥总量的70%,包括全部有机肥、磷肥,实行条施或窝施,施肥深度距垄顶15~25 cm,基本与地面相平;追肥用量宜占施肥总量的30%左右,视烟株长势、降水等情况进行追肥,移栽后

35 d 内必须完成所有追肥;增加锌肥、硼砂等微肥用量;注重施用钾肥,在团棵期、旺长期将各喷施 1 次叶面钾肥,均衡营养,增强抗性。

4. 施肥关键

一是控氮,对花生茬、土壤黏重地块,加大降氮力度。二是区分移栽方式施肥,井窖式移栽、膜下烟田,在常规烟田施肥的基础上每亩再减少 0.5~1 kg。三是优化肥料配置,增施有机肥,有机肥以商品有机肥或发酵豆饼为主,每亩用量 25 kg 以上。四是根据灌溉条件和土壤质地确定有机氮比例,水浇条件好的沙土、壤土,有机氮比例控制在 35%~40%;黏土、水浇条件差的地块,有机氮比例适当降低到 30%~35%。

三、适期移栽

移栽要以实现苗全、苗齐、成活率高和有利于烟苗早发快长为目标,构建合理群体结构,必须选择适宜移栽时间、科学移栽方法及合理移栽密度,以保证目标的实现。

1. 适宜移栽期

(1)移栽期对烟草的影响

研究结果表明,移栽期对烟草生育进程产生显著影响。随移栽期推迟,烟草生育期明显缩短,主要表现在现蕾之前的营养生长阶段(伸根期、旺长期)和成熟后期,而成熟前期时间基本一致;其原因主要是随着移栽期推迟,气温显著升高,导致生育进程加快而使生长前期时间显著缩短,而不同移栽期烟草生长发育所需有效积温基本一致,符合植物生长积温恒定原理;而晚栽处理成熟后期降温剧烈,烟叶经常在未完全成熟时提前采收,导致生育期显著缩短。不同移栽期跨度较大时对烟株生长发育有显著影响,移栽期跨度较小时对烟株生长发育影响较小(图 6-1)。

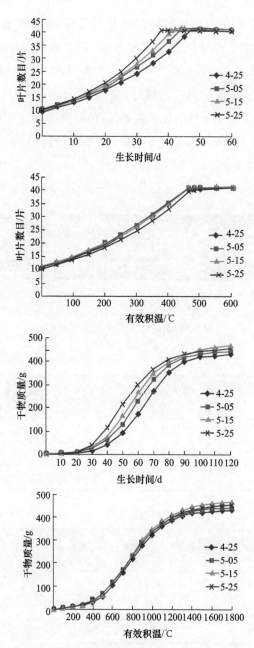

图 6-1 不同移栽期对烟草生长发育规律的影响

移栽期对烤后烟叶外观质量、叶化学成分、感官评吸质量均产生较显著影响,主要表现在:随移栽期推迟,烟叶外观质量改善,烟叶糖含量呈现先升高后降低趋势,烟叶淀粉含量降低,烟叶烟碱含量降低,烟叶糖碱比、氮碱比先升高后降低,烟叶化学协调性总体呈现先升高后降低趋势,以5月中旬左右移栽最佳;随移栽期推迟,中部烟叶感官评吸得分呈现先升高后降低趋势,以5月中旬最高,5月下旬略低于4月下旬,差异主要体现在香气质、香气量、余味、杂气、刺激性等指标,不同移栽期烟叶燃烧性、灰色得分基本一致(图6-2、表6-6、表6-7)。

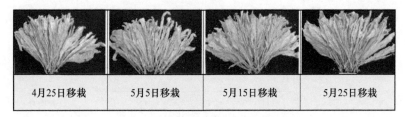

| 4月25日移栽 | 5月5日移栽 | 5月15日移栽 | 5月25日移栽 |

图 6-2　不同移栽期烤后烟叶外观质量

表 6-6　不同移栽期烟叶化学成分

移栽期 (月-日)	还原糖 /%	总糖 /%	烟碱 /%	总氮 /%	钾 /%	氯 /%	糖碱比	氮碱比	钾氯比
4-30	22.78	25.37	2.19	1.92	1.61	0.27	11.24	0.89	7.82
5-10	23.68	26.50	2.07	1.83	1.55	0.27	11.85	0.88	7.75
5-20	21.49	24.18	1.96	1.80	1.77	0.30	11.33	0.91	6.40

表 6-7　不同移栽期烟叶感官评吸得分

移栽期 (月-日)	香气质 15	香气量 20	余味 25	杂气 18	刺激性 12	燃烧性 5	灰色 5	总得分 100
4-30	10.91	15.73	18.82	12.87	8.75	3.01	3.01	73.11
5-10	11.03	15.80	19.00	13.10	8.86	3.02	3.01	73.81
5-20	10.91	15.65	18.74	12.82	8.75	3.02	3.01	72.91

（2）移栽期优化

研究结果表明,生长前期温度是影响烟株生长发育进程和烟叶品质的关键因素。以烟叶质量为评价移栽期的标准,构建各地不同移栽期示范处理烟叶感官评吸总得分与各处理移栽时温度的回归曲线方程,如图 6-3 所示。根据烟叶评吸得分≥73.5 为较好档次的标准,计算获得优质烟叶移栽时的温度为 17.98～20.40 ℃,可知优质烟叶移栽时气温需高于 18 ℃。前期研究表明,烟叶质量与成熟后期气温也有显著相关关系,计算获得顶叶采收时温度需高于 20 ℃。

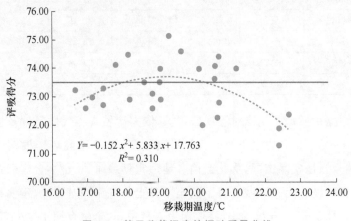

$$Y = -0.152\,x^2 + 5.833\,x + 17.763$$
$$R^2 = 0.310$$

图 6-3　基于移栽温度的烟叶质量曲线

诸城烟区近 50 年不同保证率下稳定通过 18 ℃的起始时间与到 20 ℃的终止时间如下表所示。在保证率≥60％的情况下,稳定通过 18 ℃的起始时间为 5 月 20 日,稳定通过 20 ℃的截止时间为 9 月 16 日(表 6-8、表 6-9)。

表 6-8　诸城不同保证率下稳定通过 18 ℃起始至 20 ℃终止的时间

安全保证率	起始日期(月-日)	终止日期(月-日)	天数
≥50％	5-19	9-19	123
≥60％	5-20	9-16	119

续表 6-8

安全保证率	起始日期(月-日)	终止日期(月-日)	天数
≥70%	5-21	9-13	115
≥80%	5-23	9-11	111
≥90%	5-29	9-10	104

表 6-9 诸城不同保证率下稳定通过 18 ℃移栽后伸根期的温度

保证率	起始日(月-日)	起始日至起始后 30～45 d 内平均气温/℃			
		起始后 30 d	起始后 35 d	起始后 40 d	起始后 45 d
≥50%	05-19	21.41	21.71	21.97	22.26
≥60%	05-20	21.54	21.82	22.10	22.38
≥70%	05-21	21.68	21.94	22.22	22.50
≥80%	05-23	21.91	22.16	22.45	22.73
≥90%	05-29	22.60	22.87	23.14	23.18

根据优质烟叶生产对温度的需求,依据诸城常年气候条件及稳定通过 18 ℃、20 ℃的起止时间,以及不同保证率下移栽后伸根期的温度,结合当地实际情况,优化当前各地适宜移栽时间,科学合理配置了各生育阶段时间。诸城 4 月下旬至 5 月上旬气温相对较低,建议移栽期为 5 月 5 日至 25 日,最适移栽期为 5 月中旬,全生育期 118～125 d。采收截止时间为 9 月 20 日,10 月 1 日前完成烘烤,11 月 1 日前完成收购。

2. 合理移栽方式

诸城烟叶移栽采用的方式有常规、膜下和井窖式 3 种移栽方式,当前以井窖式移栽为主要方式,搭配常规移栽、膜下小苗移栽方式。要因地制宜优化移栽技术,土层较深、墒情适宜的壤土地块采取井窖式移栽,黏土、沙质土壤探索采用改良井窖式或小苗膜下移栽。无论何种移栽方式,都要浇足移栽水,保证成活率,提高大田整齐度,确保所有烟田在 9 月 20 日前全面结束采烤。

（1）井窖式移栽

在水源条件好、质地为壤土的地块选择井窖式移栽（图6-4），并对有关技术进行改进。一是选择适宜地块。井窖式移栽适于土层较深、有水浇条件、配套滴灌的壤土地块；黏土、沙质土壤谨慎考虑。二是烟苗与投苗要求。以烟苗最大叶片略露出井口为宜；移栽早的烟苗茎高5～7 cm，井窖深15 cm；移栽较晚烟田烟苗茎高6～8 cm，井窖深18 cm。投苗后加盖覆土，覆土以覆盖苗垛1/2～2/3为宜。三是加强移栽管理。移栽时浇水时量要足，以灌满井窖不淹没芯叶为宜，冲下的泥土不要埋到烟苗芯叶。

图6-4 井窖式移栽

对不适于井窖式移栽的地块，应立足大苗深栽，可探索采用改良井窖式或常规移栽方式。改良井窖式即将井窖式和常规移栽相结合，采用打孔器打孔配合大苗深栽的一种模式。

（2）及时查苗补苗

栽后要及时查苗补苗，在移栽后3～5 d，及时检查苗情，将死苗、过分弱小的烟苗和受地下害虫为害的烟苗拔除，用同一品种的大苗、壮苗补栽新苗。补栽时可施少量速效氮肥，浇足水，窝内放毒饵，以防害虫为害。若地下害虫为害偏重,可使用推荐药剂进行防治。移栽后15～20 d烟苗出现生长明显不整齐时,可对弱苗偏施肥水,促其快长,使全田烟株团棵时生长整齐一致。

四、合理密植

1. 密度对烟株的影响

相关研究结果表明,种植密度对烟草株形、干物质积累等有显著影响。随株距减小、密度增大,烟株主茎变高变细,有效叶数减少,各部位叶片大小、重量显著降低,整株干物质积累量显著降低;而从群体角度分析,高密度处理减弱了烟草单株的发育,但使群体生物量增加,从而使烟叶产量、产值随密度增大呈现升高趋势。从整株株形来看,随着密度增大,下部叶片生长空间受限,有利于上部叶生长,烟草株形更倾向形成筒形、塔形;随着密度减小,各部位叶片生长空间变大,更有利于中部叶片发育,烟草株形也向腰鼓形转变。叶片对光环境的适应策略是导致单叶生物量差异的原因,低密度有利于单叶生物量,特别是中部叶生物量积累,高密度有利于三个部位烟叶干物质的均衡分配,因而优化冠层内部作物及光环境的空间分布,对调控干物质分布和提高群体生产力有重要的生理意义。种植密度对烟草叶片均匀性有显著影响。随着密度增加,成熟期烟叶的大小、单叶重及烟碱含量的变异系数均呈降低趋势,这表明,高密度群体可以调控烟叶更加均匀一致。

种植密度与施氮量会对烟叶经济性状产生影响。总体来看,随施氮量增加,烟叶产量、产值呈现先升高后降低。同一施氮条件下,随株距减小、密度增大,烟叶产量、产值、均价及上等烟比例呈现先升高后降低趋势。种植密度与施氮量对烟叶质量产生明显影响。从化学成分看,随施氮量增加,烟叶还原糖、总糖含量及糖碱比显著下降,而总植物碱、总氮含量显著升高；随密度增大，烟叶还原糖、总糖含量和糖碱比升高，总植物碱含量下降。从感官评吸看，随株距减小，烟叶感官评吸质量呈现先升高后降低趋势，以 50 cm 株距最高，40 cm 株距感官评吸质量高于 60 cm，差异主要体现在香气质、香气量、余味、杂气等方面（图 6-5，表 6-10、表 6-11）。

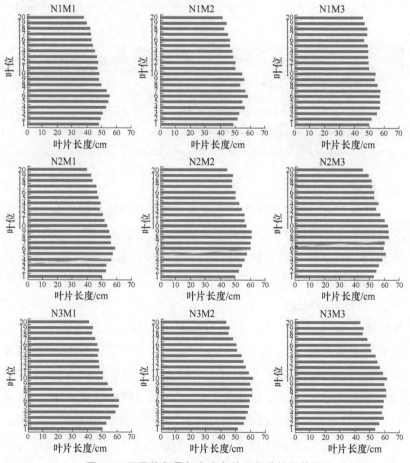

图 6-5　不同施氮量与密度条件下烟草株形特征

注：N1M1：纯氮 0 kg/亩，株距 30 cm；N1M2：纯氮 0 kg/亩，株距 45 cm；N1M3：纯氮 0 kg/亩，株距 60 cm；N2M1：纯氮 4 kg/亩，株距 30 cm；N2M2：纯氮 4 kg/亩，株距 45 cm；N2M3：纯氮 4 kg/亩，株距 60 cm；N3M1：纯氮 8 kg/亩，株距 30 cm；N3M2：纯氮 8 kg/亩，株距 45 cm；N3M3：纯氮 8 kg/亩，株距 60 cm。

表 6-10　不同株距烟叶化学成分

株距/cm	还原糖/%	总糖/%	总植物碱/%	总氮/%	钾/%	氯/%	糖碱比	氮碱比	钾氯比
40	23.23	26.68	1.92	1.78	1.65	0.28	12.27	0.93	8.66
50	22.36	26.15	1.98	1.80	1.59	0.28	11.72	0.91	7.80
60	20.60	24.01	2.24	1.92	1.70	0.32	9.42	0.85	6.87

表 6-11　不同株距烟叶化感官评吸质量

株距/cm	香气质 15	香气量 20	余味 25	杂气 18	刺激性 12	燃烧性 5	灰色 5	总得分 100
40	11.08	15.80	19.03	12.88	8.75	3.00	3.00	73.53
50	11.14	15.86	19.06	12.89	8.73	3.00	3.00	73.69
60	10.97	15.70	18.84	12.64	8.73	3.00	3.00	72.89

2. 种植密度优化

烟草合理株形与群体调控须考虑烟叶产量和质量的平衡,统筹协调种植密度与施氮水平。研究结果显示,适当增加密度,可以培育"中棵烟"长相,群体生物产量增加,烟叶化学成分协调性及感官质量提升。因此,当前种植建议采用宽行距窄株距、适当增密、控制施氮水平的模式,适宜施氮量范围为 4.5～6.0 kg/亩,低肥力地块可以适当增施纯氮 0.5～1.0 kg/亩,不同品种根据品种特性适当调整,如 NC55 适宜施氮量范围为 4.5～5.5 kg/亩,中烟 100 适宜施氮量范围为 5.0～6.0 kg/亩;种植密度根据土壤肥力情况进行适当调整,行距可增加至 125～130 cm,株距范围为 42～48 cm,相对低氮条件下,采用 45～48 cm 株距的密度模式,相对高氮条件下,宜采用 42～45 cm 株距的高密度模式,整体种植密度适当增加至 1 200～1 250 株/亩,以保障单株营养供给处于合理水平,构建合理群体结构。

诸城烟区种植密度采用宽行窄株模式,土层深厚,土壤保肥保水能力强的地块,行距 130 cm,株距 40～45 cm;土层较薄,土壤保肥保水能力差的地块,行距 125 cm,株距 45～50 cm;确保移栽密度在 1 200株/亩。

烟叶回归曲线见表 6-12。

表 6-12 烟叶回归曲线

目标	因素	方程	顶点值
烟叶产值	施氮量/(kg/亩)	$Y=-30.52x^2+308.04x+2\,892.74$	5.05
	种植密度/(株/亩)	$Y=-0.000\,9x^2+2.278\,2x+1\,937.71$	1 266
烟叶评吸得分	株距/cm	$Y=-0.004\,8x^2+0.445\,5x+63.35$	46
	种植密度/(株/亩)	$Y=-1.051\,6e^{-5}x^2+0.025\,7+58.07$	1 222

五、揭膜培土

1. 揭膜培土的作用

诸城烟区为缺水干旱区,常发生年度干旱。干旱年份土壤中盐分累积,易发生次生盐渍化。雨季来临前适时揭膜,可充分利用降雨淋洗盐分,解决次生盐渍化问题,也可降低烟叶氯离子含量,减少烟叶地方性杂气,有利于烟叶品质提升。

烟田揭膜有利于促进烟株早生快发,也可使降雨直接进入垄体,提高自然降雨和肥料的利用率,提升烟株根系活力,促进根系生长,加快烟株中后期的生长发育,有利于烟株开秸开片,提高烟叶的产量和质量。揭膜后有利于增强土壤通透性,避免地膜覆盖影响土壤气体交换,能及时散发大雨后土壤中过多的水分,使土壤环境得到有效改善。同时,有利于改善田间通风透光条件,减少病虫害的发生。

2. 揭膜注意事项

烟田揭膜要注意以下几点:一是适时揭膜。根据生产实际,在移栽 45 d 后揭膜。揭膜不宜过迟,以避免出现第二次吸氮高峰,使烟叶不能正常成熟落黄,引起烟叶烟碱含量过高、化学成分比例失衡而降低烟叶品质。二是彻底清除杂草。烟田揭膜后应及时清除田间杂草,避免发生草荒。三是注重水分管理。合理调节土壤水分,适时进行烟田灌溉和烟田排水。四是合理施肥。揭膜烟田要比不揭膜烟田每亩减少 0.5~1 kg 纯氮量,避免烟株贪青晚熟。五是彻底清除残膜。地膜在田间难以降解,污染土壤,揭膜时残膜要全部清理出烟田,并集中处理。六是及时进行培土。揭膜后要及时进行培土,做到不伤根系,增加土壤通透性,促进根系发达,避免烟株倒伏。

六、灌溉排水

烤烟是需水量较多的作物,并且各生育阶段对水分的需求不同,如何满足烤烟各个生育期对水分的需求,是生产优质烟叶的重要措施之一。前期缺水易造成烟株生长缓慢,使开桔开片不充分;后期雨水偏多,土壤肥效集中释放,易造成成熟期推迟,烟叶难以落黄。以破解水的制约为突破口,按照烟叶生长需水规律,全面推行全生育期按需供水是实现烟叶高质量发展的重要保障措施。

1. 烟草需水规律

大田期烤烟的耗水具有伸根期少、旺长期多、成熟期适中的规律。伸根期耗水量占全生育期耗水总量的 10% 左右,要保证移栽时充足的定根水,保证烟苗成活。随着烟苗逐渐生长,耗水量逐渐增加,轻度干旱有利于促进根系生长。旺长期耗水量占全生育期耗水总量的 53%~56%,此期烟株蒸腾量急剧增加,对水分的需要量最多,必须保持土壤含水量充足。成熟期耗水量占全生育期耗水总量的 35%~38%,此期土壤水分状况对烟叶成熟和烟叶质量有显著的影响。

2. 诸城降水特征

诸城降水规律为 5 月、6 月降水较少,7 月、8 月处于雨季,降水较多,9 月降水又减少。

以 5 月 10 日移栽为例,5 月、6 月正是烟株快速生长、需水最关键的时期(伸根期、旺长期),而该时期降水量低于烟草需水量,因此应加强伸根期、旺长期灌溉,保证烟草水分需求;而 7 月下旬至 9 月烟株需水逐渐减少,现有降水情况已远超烟草水分需求,因此在该时期需注意排水防涝(图 6-6)。

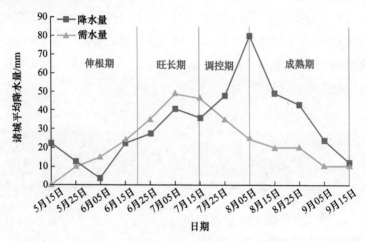

图 6-6　诸城平均降水情况与烟草需水情况

3. 各时期灌溉要求

诸城烟田灌溉原则为浇足移栽水,及时浇伸根水,重浇旺长水,适浇平顶水,巧浇成熟水。

烟田最适土壤含水量指标为:伸根期 70%～75%,旺长期 80%～90%,成熟期 75%～80%。土壤水分亏缺指标为:伸根期低于 45%,旺长期低于 70%,成熟期低于 60%。

还苗期至团棵期:此期主要以促进根系发育为主,烟株需水一般,适当干旱能促进根系发育,有利于后期营养物质的吸收,但土壤水分含量需保持在田间最大持水量的 70%～75%。根据诸城降水规律,该时期常发生干旱,应在长期无降水时及时灌溉,一般在移栽后 21 d 左右灌溉 1 次,保障烟苗早生快发。

旺长期:此期烟株生理活动旺盛,蒸腾作用急剧增加,是烟株生长最快、干物质积累最多、需水量最多的时期,也是决定产量和质量的关键时期,应保持土壤水分含量为田间最大持水量的80%～90%。此期应保证及时浇水,并浇足浇透。

成熟期:此期烟株生理活动下降,但也需要消耗一定的水分,土壤水分含量一般要求保持在田间最大持水量的75%～80%,以保证烟叶正常成熟,改善上部烟叶的烘烤质量。根据诸城降水规律,该时期降水较多,一般需注意排水防涝。如遇干旱,应适时浇水。山东烟区需水规律和灌溉模式见表6-13。

表6-13　山东烟区需水规律和灌溉模式

移栽后天数		0～10 d	20～30 d	30～40 d	40～50 d	50～60 d	60～70 d	70～80 d	90～120 d
生育时期		伸根期(40 d左右)			旺长期(30 d左右)			成熟期(60 d左右)	
主要农事操作		移栽		追肥	揭膜培土		打顶	清除脚叶	采收烘烤
烟田总需水量		150 kg 亩产量水平下,耗水量为300～500 m³ 其中蒸腾量为75～150 m³							
耗水特征	主要耗水方式	地表蒸发			蒸腾			蒸腾	
	总耗水量占比	4%～10%			53%～56%			35%～38%	
	耗水比率	0.7	0.75	1.2	0.95	0.85	0.75	0.7	0.48
	其中:蒸腾耗水	0.05	0.1	0.5	0.6	0.55	0.5	0.5	0.3
	其中:蒸发耗水	0.6	0.65	0.7	0.35	0.3	0.25	0.2	0.15
烟株指标	需水特征	水分关键期			水分临界期和关键期				
	需水量	110 mm			150 mm			240 mm	
	直观判定标准	不出现萎蔫			轻度萎蔫可恢复			不出现萎蔫	

续表 6-13

移栽后天数		0～10 d	20～30 d	30～40 d	40～50 d	50～60 d	60～70 d	70～80 d	90～120 d
土壤指标	适宜田持	70%～75%				80%～90%		75%～80%	
	水分亏缺田持	45%				70%		60%	
	灌溉湿润土层	25 cm				50 cm		30 cm	
	直观判定标准	紧握成团				轻握成团		轻握成团	
生态特征	常年平均水分亏盈量	56 mm				62 mm		−134 mm	
	亏水概率	88.7%				79.5%		22.0%	

4. 节水灌溉技术

(1) 滴灌

滴灌是将具有一定压力的水,过滤后经管网和滴灌带,用滴孔以水滴的形式缓慢而均匀地滴入植物根部附近土壤的一种灌溉方法。滴灌系统中,灌溉水通过主管、干管、支管均匀地送到滴灌带上,以满足烤烟生长的需要。滴灌有固定式地面滴灌、半固定式地面滴灌、膜下滴灌和地下滴灌等不同方式。滴灌是水资源高效利用的灌溉方式,更是烟草生产中一项高效化、精准化的先进技术措施(图 6-7)。注意

图 6-7　田间滴灌设施

滴灌带（毛管）长度不得超过 70 m，支管一般不超过 80 m。

与沟灌相比，滴灌条件下，烟株根系随水分运移分布，水平分布范围小，垂直分布范围大，二级侧根较发达（图 6-8）。生产上需结合当地灌水条件，根据不同土壤类型及根系分布情况调整灌水时间。

沟灌
根系水平分布范围大，
垂直分布范围小

滴灌
根系水平分布范围小，
垂直分布范围大

图 6-8　不同灌溉方式根系分布

不同土壤类型滴灌下土壤水分分布见图 6-9。

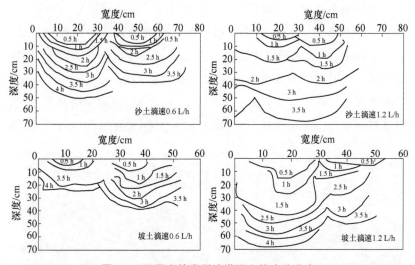

图 6-9　不同土壤类型滴灌下土壤水分分布

注：上图为沙壤土、沙土等轻质土壤，下图为黏壤土、黏土等重质土壤。左部分为低滴速（0.6 L/h），右部分为正常滴速（1.2 L/h）下的不同灌溉时间土壤水分分布情况。

　　根据生产需要,烤烟滴灌可分别在移栽、小团棵、大团棵、旺长及成熟时期进行。灌溉指标如表 6-14 所示。烤烟滴灌的灌溉原则为移栽后 3～4 周,视土壤墒情、烟株发育需求,进行第一次滴灌;旺长期旬降水量不足 40 mm 或连续 5 d 无降水,须进行滴灌;成熟期旬降水量不足 30 mm 或持续干旱,须进行滴灌。

表 6-14　烤烟滴灌灌溉指标与灌溉制度

生育期	干旱指标 /%	计划湿润层 /cm	滴灌次数 /次	灌水定额 /(kg/株)	灌水周期 /d
还苗期	≤50	15～20	0	—	—
伸根期	≤50	15～20	2	0.5～1	5～7
旺长期	≤70	30～40	4	1.5～2.0	3～5
成熟期	≤60	20～30	2	1.5～1.8	5～7

（2）微喷灌

　　微喷灌是在一定压力条件下(200 kPa 左右),通过摆布烟行间的微喷带,水分从微喷带上侧的微孔呈雾状射出,水雾高度 1.4～1.6 m,喷幅为 3～4 m,每小时 12～15 m³。微喷设备可由一根主管带 3～5 条微喷带,根据压力大小每条微喷带喷 2～4 行烤烟。微喷具有保持土壤物理性状、省水省工、减轻病虫害、均匀度高、改善田间小气候等特点,比较适合在烤烟大团棵期、旺长期应用。大团棵期每亩浇水量 9 m³ 以上,旺长期每亩浇水量 24 m³ 以上,可视烟株生长需要确定喷淋次数(表 6-15)。

表 6-15　烤烟微喷灌溉指标与灌溉制度

全生育期 按需供水	干旱指标 /%	浇水量 /(m³/亩)	微喷灌次数 /次	灌水定额 /(kg/株)	灌水周期 /d
大团棵水	≤50	9	1	1～1.5	5～7
旺长水	≤70	24	2	1.5～2	3～5

5. 及时排水

诸城烟区一般 7 月下旬和 8 月处于雨季,降水较多,超出烟草水分需求,应注意排水防涝,提前挖沟开渠,做好应急准备。

七、水肥一体化

水肥一体化技术是将灌溉与施肥融为一体的现代农业技术,是发展绿色高质高效农业、转变农业发展方式、建设生态文明的有效手段。水肥一体化技术将可溶性固体肥料或液体肥料,按照农田土壤肥力和农作物所需营养特点和规律,配兑成相应的肥液溶于灌溉水中,可均匀、定时、定量浸润农田农作物生长区域,让土壤一直满足作物生长对水分和肥料的需求。与传统的灌溉和施肥措施相比,水肥一体化技术具有省水、省肥、省时,降低农业成本,降低病虫害发生概率,保证农作物品质和产量,减少环境污染,改善土壤微环境、提高微量元素使用效率等优点。因此,水肥一体化技术是现代农业健康科学发展的有力保障。最适于烤烟生产的水肥一体化技术是滴灌水肥一体化技术。

1. 水肥一体化设备

水肥一体化技术的整个系统主要由水泵、水表、阀门、施肥器、过滤器、支管、毛管组成。根据灌溉面积及大田水电条件配置水泵种类及规格;入支管及毛管的水、肥必须经由过滤器过滤以防止毛管堵塞,过滤施肥装置应按照图纸顺序连接;支管过流量应根据实际灌溉面积配置,起垄后进行毛管铺设,毛管铺在垄上方、地膜下方;山地通过支管开关或铺设压力补偿式滴灌带调节以保证水肥均匀度。

2. 烟田水肥一体化设计

水肥一体化系统设计主要包括首部枢纽设计、田间管网设计。

水肥一体化系统的首部枢纽包括动力装置、施肥(药)装置、过滤设施和安全保护及量测控制设备。根据水源的不同设计相应的抽水供水动力,并根据水源水质选择过滤设备。动力装置包括电源、水泵等,在没有电源的烟田可采用由汽油(柴油)机组装的灌溉施肥一体机作为动力。施肥(药)装置是向系统的压力管道内注入水溶性肥料(农药)的设备。常用的有泵注式施肥装置、泵吸式施肥装置,以及比例施肥器。常用的过滤器有介质过滤器、离心式过滤器、网式过滤器、叠片式过滤器,以及自动反冲洗过滤器。

水肥一体化系统的田间管网由从首部枢纽开始到田间的输水管道和由不同直径和不同类型的管件构成。田间管网设计应遵循因地制宜的原则,综合考虑水源条件、地形、土壤保水性等因素。田间管网一般大量使用塑料管,主要有聚氯乙烯(PVC)、聚丙烯(PP)和聚乙烯(PE)管,在首部枢纽一般使用镀锌钢管和 PVC 管。干管一般采用农户日常浇地的现有管带,建议尺寸为 $\phi75$ mm,主管采用 $\phi75$ mmPE 输水软带,支管采用 $\phi63$ mm 输水软带,滴灌带采用 $\phi16$ mm 迷宫式滴灌带。土壤保水性决定毛管的选择,一般土壤保水性好的地块可选择滴头间距 30 cm 的毛管,土壤保水性差的地块可选择滴头间距 20 cm 左右的毛管。

地形地貌是田间管网设计的首要考虑因素。地形条件一般分为平原、丘陵及山地等。不同地形条件下滴灌系统的设计有一定差异,但一般遵循支管单侧长度不超过 50 m,总长度不应超过 100 m;同时,支管铺设时应留有余量(3%),以避免热胀冷缩造成滴灌带和管件脱落。毛管(滴灌带)单侧极限长度为 75~85 m,实际铺设以 50~60 m 为宜。

平原、丘陵设计:地块较大时,主管、支管及毛管可以采用 T 形分布(鱼骨式分布),适合水源较好条件;地块较小时,主管、支管及毛管可以采用梳式分布设计,适合水源较差条件。山区设计一般也采用此类设计。山地条件设计时,应充分考虑系统安全性和合理性,防止局部管道压力过大胀破管道。山区要多设球阀、排水阀、减压阀等。轮灌小区划分不宜过大,应方便运行、管理和维护。在设计中,支管应垂直于等高线,毛管应平行于等高线(图 6-10)。

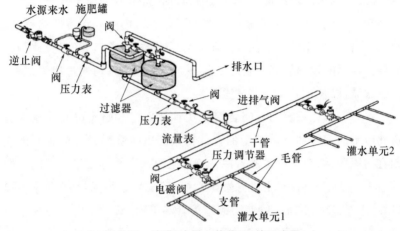

图 6-10　滴灌(水肥一体化)系统示意图

3. 水肥一体化技术参数

根据烟区气候、田间肥力、烤烟品种等因素确定灌溉施肥制度。

(1)烟草灌溉制度

灌水量根据烤烟生育期的降雨量及烟田土壤的水分情况确定,每年实际灌水量应根据当季降水量与常年平均降水量的差值作相应增减。烟田最适相对含水量指标在烟株伸根期、旺长期、成熟期分别为土壤最大持水量的 70%、85% 和 75%。灌水量以达到主要根系分布范围为宜,需在当地不同质地土壤上进行不同滴速和灌溉时间下的灌溉深度试验来确定灌水时间和滴速。一般灌溉时间在 1~5 h 为宜,超出本范围可通过调节灌溉压力或者灌溉面积来调整滴速。

(2)烟草施肥制度

田间施氮、磷、钾具体总量及比例由田间肥力和烤烟品种决定。由于水肥一体化条件下水肥利用率大幅提高,计算滴灌施肥量时肥料利用率可比常规施肥提高 20%~30% 来折算。一般而言,若烤烟追肥阶段采用灌溉施肥,烤烟施肥水平应作调整,每亩宜减施纯氮 $1\sim$ 1.5 kg。一般采取以下 3 种制度。

①有机肥、50%氮肥作为基肥,剩余肥料视烟株长势分别于移栽后 28 d、35 d、42 d 滴灌追施;移栽后 28 d 追施 25%的氮肥,移栽后 35 d 追施 25%的氮肥和 50%的钾肥,移栽后 42 d 追施 50%的钾肥。

②有机肥为基肥,剩余肥料视烟株长势分别于移栽后 28 d、35 d、42 d 滴灌追施。具体为移栽后 28 d 追施 50%的氮肥,移栽后 35 d 追施 50%的氮肥和 50%的钾肥,移栽后 42 d 追施 50%的钾肥。

③部分水肥一体化模式。有机肥、部分烟草复合肥作基肥和提苗肥,基肥和提苗肥的氮用量约占总施氮量的 50%。剩余 50%的氮肥和全部钾肥用液体肥代替,视烟株长势,于移栽后 30 d、40 d、50 d 分别滴灌追施。具体为:移栽后 30 d 追施 50%的氮肥,移栽后 40 d 追施 50%的钾肥,移栽后 50 d 追施 50%的钾肥。

八、打顶留叶

1. 打顶时期与留叶数对烟株的影响

研究结果表明,打顶时期与留叶数可对烟草株形产生显著影响,提前打顶(扣芯打顶)或减少留叶数均使烟株显著变矮,主要原因是烟株长高依靠茎顶端分生组织细胞的分裂分化及伸长区细胞的伸长,提前打顶或减少留叶数,均使茎顶端分裂伸长终止,从而影响主茎高度。留叶数对叶片大小的影响大于打顶时期,随留叶数减少,各部位叶片均显著变大,且主要为宽度的增加。打顶时期与留叶数对各部位烟叶单叶重均产生显著影响,提前打顶或减少留叶数使各部位烟叶单叶重显著变大。提前打顶使叶片变重可能是叶片显著增厚的原因;留叶数减少虽然减少了光合产物的源,但是也减少了光合产物的库,使干物质发生再分配,每片叶积累的生物量显著增加。少留叶处理,叶总干重显著低于多留叶处理,但整株干重与多留叶处理间无显著差异,表明少留叶处理,根、茎多积累的干物质弥补了少叶的缺口(表 6-16)。

打顶时期与留叶数对烟叶化学成分含量产生显著影响。留叶数对糖含量的影响高于打顶时期,而打顶时期对烟碱含量的影响高于留叶数。留叶数增加,烟叶糖含量呈现先升高后降低趋势,可能是叶数增多,使烟株光合生产能力提高,合成的碳水化合物增加,烟叶糖含量积累量增加;而留叶数过多则会影响整株的光合效率,同时会加大消耗,降低烟叶糖含量。提前打顶使烟碱含量升高主要是因为早打顶后烟碱大量合成,且肥料供应过量,烟碱显著升高;留叶数对中下部烟叶烟碱含量无显著影响,主要是因为打顶时期的作用太大,掩盖了留叶数的影响。以单个时期来看,烟碱含量随留叶数减少也是明显升高的规律,其原因是烟碱在根部合成,多叶分配烟碱,每叶烟碱含量自然低于少留叶烟叶(表 6-17)。

表 6-16　不同打顶时期与留叶数处理各部位烟叶成熟期单叶重

处理	下部叶单叶重/g			中部叶单叶重/g			上部叶单叶重/g		
	17 片	20 片	23 片	17 片	20 片	23 片	17 片	20 片	23 片
扣芯打顶	13.07	11.27	11.08	17.42	13.99	12.69	19.42	15.59	14.84
开花打顶	11.54	10.89	10.38	12.89	11.03	10.59	12.46	12.04	12.02

表 6-17　不同打顶时期与留叶数各部位烤后烟叶化学成分

处理	下部叶还原糖/%			中部叶还原糖/%			上部叶还原糖/%		
	17 片	20 片	23 片	17 片	20 片	23 片	17 片	20 片	23 片
扣芯打顶	17.55	18.85	18.65	18.96	20.46	20.33	18.18	19.11	19.01
开花打顶	17.59	19.20	18.13	19.38	20.84	20.65	19.48	19.94	19.73
处理	下部叶总糖/%			中部叶总糖/%			上部叶总糖/%		
	17 片	20 片	23 片	17 片	20 片	23 片	17 片	20 片	23 片
扣芯打顶	19.06	20.80	20.41	20.14	22.30	22.16	20.02	21.55	20.81
开花打顶	19.55	20.34	19.79	21.71	23.24	22.62	21.40	22.84	21.73

续表 6-17

处理	下部叶烟碱/%			中部叶烟碱/%			上部叶烟碱/%		
	17 片	20 片	23 片	17 片	20 片	23 片	17 片	20 片	23 片
扣芯打顶	2.66	2.39	2.10	3.04	2.64	2.58	3.42	2.74	2.44
开花打顶	1.86	1.83	1.66	2.14	2.07	2.16	2.42	2.11	2.12

处理	下部叶糖碱比			中部叶糖碱比			上部叶糖碱比		
	17 片	20 片	23 片	17 片	20 片	23 片	17 片	20 片	23 片
扣芯打顶	6.81	7.92	9.14	6.35	7.82	7.87	5.36	6.98	7.78
开花打顶	9.46	10.75	10.95	9.16	10.29	9.62	8.15	9.52	9.34

2. 适时打顶

根据烟株长势、烟田肥力、品种特性、气候条件等因素,确定合理的打顶时间和打顶标准,做到适时晚打顶、适当多留叶,使烟株平顶后上部烟叶能够充分发育,达到顶叶长度 55 cm 左右,烟株近筒形或微腰鼓形,防止因打顶过早造成顶叶过长过大,可用性降低。对大多数烟株生长正常的烟田在中心花 50% 左右开放时打顶。对烟株长势过旺的烟田适当推迟打顶时间,可在开花盛期之后进行。对烟株长势稍差的烟田适当提前打顶时间,可在现蕾期进行。打顶时将整个花序连同两三片小于 15 cm 的小叶(也称花叶)一同摘去。打顶后最顶叶上方保留烟茎 2 cm 以上。

3. 及时抑芽

化学抑芽。打顶后 24 h 内施用 25% 氟节胺(商品名芽封、灭芽灵)稀释后杯淋或涂抹。抑芽剂的选用按照发布的烟草农药合理使用导则进行。化学抑芽用药前先将大于 2 cm 的烟杈抹掉,用药后出现的卷曲腋芽不要人工摘除,以免再长新腋芽。使用化学抑芽应避免在雨后、露水未干时用药,用药 6 h 内降雨需重新用药,最好在傍晚或清晨施药,尽量避免在中午用药。

人工抹杈。打顶后每隔 5~7 d 抹杈一次。

4. 合理留叶

一般留叶 20～22 片,保证有效叶 18～20 片,保留的顶叶长度在 15 cm 以上。

正常打顶留叶后,烟株底部光照不足、发育不良、叶片轻薄的下部叶 3～4 片,以及顶部开片不好、长度不足 45 cm、结构僵硬的顶叶 2～3 片,预计烤后品质较差,不具备烘烤价值,工业适用性差,需要进行去除。不适用下部叶在烟株打顶抑芽留足叶片后 5～7 d(移栽后 65～70 d)打除;不适用顶叶不予采摘。清除不适用烟叶宜选择晴天,清除时按照“先打健株、后打病株”的原则。清除过程中,操作人员应适时消毒(更换手套或用肥皂水清洗手),避免交叉传染病害。清除后的烟叶应及时清除出田间,并销毁掉,确保田间清洁卫生。

第七章

烟草病虫害绿色防控

按照病虫害预测预报和统防统治的实施方案,充分发挥预测预报点的功能,实行"统一防治时间、统一防治方法、统一防治药剂、统一植保器械",把烟田周围环境纳入统防统治范围,变被动防治为主动防治,严控病虫害的大面积流行。

一、烟草常见病虫害

1. 病虫害发生时期

苗床期:易发生病毒病、烟蚜等病虫害。

还苗伸根期:易发生黑胫病、病毒病、烟蚜、地老虎等病虫害。

旺长期:易发生黑胫病、青枯病、病毒病、烟蚜、烟青虫等病虫害。

成熟采烤期:易发生赤星病、野火病、角斑病、气候斑、烟青虫等病虫害。烟草易发生病虫害统计见表7-1。

2. 病毒病害介绍

(1)烟草普通花叶病毒病

烟草普通花叶病毒病广泛分布于我国各烟区,是烟草主要病毒病害之一。其中黑龙江、吉林、辽宁、山东、河南、安徽、湖北、四川、重庆、贵州、云南、福建、广东、台湾等地受害较重。

表 7-1   烟草易发生病虫害统计表

项目	苗床期	还苗伸根期	旺长期	成熟采烤期
病害	病毒病	黑胫病 根黑腐 病毒病	黑胫病 青枯病 病毒病	赤星病 野火病 角斑病 气候斑
虫害	烟蚜	烟蚜 地老虎	烟蚜 烟青虫	烟青虫

【病原与症状】该病由烟草普通花叶病毒（tobacco mosaic virus，TMV）引起。病毒粒体杆状。幼苗感病后，先在新叶上发生"脉明"，以后蔓延至整个叶片，形成黄绿相间的斑驳，几天后形成"花叶"。病叶边缘有时向背面卷曲，叶基松散；有时叶片皱缩扭曲呈畸形，有缺刻，严重时叶尖也可呈鼠尾状或带状。早期发病，烟株矮化、生长缓慢，有时出现"花叶灼斑"，在表现花叶的植株中下部常有 1～2 片叶沿叶脉产生闪电状坏死纹（图 7-1）。

图 7-1   普通花叶病

【发病规律】混有病残的种子、肥料、土壤及其他寄主,甚至烤过的烟叶及碎末都可成为初侵染来源。带病烟苗是大田发病的重要病源。在田间,病毒主要靠植株之间的接触及人在田间操作时手、衣服、工具等与烟株的接触传毒。种植感病品种,土壤结构差,苗期及大田期管理水平低,连作地块持续时间长,施用被 TMV 污染过的粪肥,天气干旱烟株生长发育不正常,感病时期早等是 TMV 流行的主要因素。

【防治方法】①栽种抗病品种,如辽烟 15 号、中烟 14、延烟 3 号、中烟 90、Coker176、Burley21、Ky14、TN90 等。②从无病株留种并进行风选。③加强苗床管理,培育无病壮苗。苗床要远离菜地、烤房、晾棚等。施用苗床土要进行高温消毒。④深翻晒土。不与茄科和十字花科作物间作或轮作。⑤适当早播、早栽,移栽时要剔除病苗。⑥在苗床和大田操作时,应禁止吸烟;手和工具要消毒;应专人管理,杜绝闲杂人等进入大棚;加强田间管理,田间操作应自无病区开始。⑦施用抗病毒药剂。较好的抗病毒药剂有 22%金叶宝 400 倍液、83-增抗剂 100 倍液、1.5%植病灵 800 倍液等,但必须从苗床期开始喷施预防才可能收到一定的效果。

（2）烟草黄瓜花叶病毒病

烟草黄瓜花叶病毒病广泛分布于我国各烟区,其中黄淮烟区受害最重,其次是广东、广西、福建、湖南、湖北、四川、陕西等地。该病是我国烟草上的主要病毒病害之一。

【病原与症状】烟草黄瓜花叶病毒原为黄瓜花叶病毒（cucumber mosaic virus,CMV）,病毒粒体为近球形的 20 面体。苗期和大田期均可发病,系统侵染,全株发病。发病初期表现"脉明"症状,后逐渐在新叶上表现花叶;病叶变窄、伸直,呈拉紧状;叶表面茸毛稀少,失去光泽;有的病叶粗糙、发脆,呈革质,叶基部常伸长,两侧叶肉组织变窄变薄,甚至完全消失;叶尖细长,有些病叶边缘向上翻卷。该病毒也能使叶面形成黄绿相间的斑驳或深黄色疱斑。在中下部叶上常出现沿主侧脉的褐色坏死斑，或沿叶脉出现对称的、深褐色的闪电状坏死斑纹。植株随发病早晚也有不同程度矮化，根系发育不良，遇干旱或阳光暴晒，极易引起花叶灼斑（图7-2）。

图7-2　黄瓜烟叶病

【发病规律】CMV主要在蔬菜、多年生树木及农田杂草中越冬，可以通过蚜虫和机器接触传播。蚜传在病害流行中起决定性作用。在病害流行过程中，除蚜虫传毒的主要作用外，病害在烟田中的扩散和加重也和机械传染如农事操作等有重要关系。黄瓜花叶病毒的发生流行与寄主、环境和有翅蚜数量关系密切。气象因素的变化也常影响蚜虫的活动，从而间接影响病害的流行。

【防治方法】①积极利用抗耐病品种。②利用银灰地膜避蚜防病。③药剂治蚜。在越冬卵孵化后、迁飞前，用40％氧化乐果2 000倍液喷桃树和菜田；在桃蚜向烟田迁飞高峰期，用抗蚜威、万灵等喷防。

④实行以烟为主的麦烟套种。⑤坚持卫生栽培。在苗床和大田操作时,切实做到手和工具用肥皂消毒;在管理中,应先处理健株,后处理病株,不能吸烟。⑥抗病毒药剂请参见 TMV 一节。

(3)烟草马铃薯 Y 病毒病

烟草马铃薯 Y 病毒病广泛分布于我国各产烟区,受害较重的有山东、辽宁、河南、四川等省,近年有逐年加重的趋势,已成为我国烟草上的主要病毒病。

【病原与症状】烟草马铃薯 Y 病毒病病原是马铃薯 Y 病毒(potato virus Y,PVY),病毒粒体为线状。PVY 在我国烟草上至少有4 个株系,即普通株系、脉坏死株系、点刻条斑株系和茎坏死株系。自幼苗到成株期都可发病,但以大田成株期发病较多。此病为系统侵染,整株发病。PVY 普通株系在田间的为害较轻,仅引起花叶及脉带症状。田间引起坏死的几种主要类型为:①PVY 的坏死株系(包括黄斑坏死株系)引起叶面、叶脉、茎甚至根系深褐色至黑色的坏死,受害烟株根系发育不良,须根变褐,数量减少;②PVY 所有株系与 TMV、CMV 等混合发生时表现比上述更为严重的坏死症状(图 7-3)。

图 7-3　马铃薯 Y 病毒病

【发病规律】PVY 室内易经汁液机械传染,自然条件下主要是靠蚜虫介体传毒。PVY 一般在马铃薯块茎及周年栽植的茄科作物(番茄、辣椒等)及多年生杂草上越冬,这些是病害初侵染的主要毒源,田间感病的烟株是大田再侵染的毒源。

影响 PVY 的发病因素与 CMV 基本相似,主要受传毒蚜虫、气候因素和烟草生育状况等多方面影响。生产中缺乏抗病品种,气候变暖影响毒源植物的生长和传毒介体的存活,与蔬菜、马铃薯、油菜等作物连作、邻作都会加重 PVY 的为害。

【防治方法】防治方法参见 CMV 一节。

目前国际上已育成抗 PVY 的品种,如 NC744、NC55、NCTG52、Virginia SCR、TN86、PBD6、筑波 1 号、筑波 2 号、云烟 301 等。

3. 细菌病害介绍

(1)烟草青枯病

烟草青枯病(tobacco bacterial wilt)是为害烟草最重的一种细菌病害,在我国长江以南烟区普遍发生,为害较重的有广东、广西、福建、湖南、湖北、四川、浙江、安徽南部及台湾等地。近几年有向北方烟区发展的趋势,山东、河南及辽宁部分烟区近年也有发生。

【病原与症状】烟草青枯病是由假单胞杆菌属的茄假单胞杆菌(*Pseudomonas solanacearum* Smith)引起的。该病为典型的维管束病害,根、茎、叶各部都可受害。发病初期,在晴天中午可见 1~2 片叶凋萎下垂,而夜间又可以恢复,萎蔫一侧的茎上有褪绿条斑。随着病情加重,表现"偏枯",但顶芽不向有病一侧弯曲,而萎蔫叶片仍为青色,褪绿条斑也变为黑色条斑,可达植株顶部。发病中期,枯萎叶片由绿变浅绿,然后叶肉逐渐变黄而叶脉变黑,呈黄色网状斑块,全部叶片萎蔫。发病后期病株的表皮根部及髓部变黑腐烂,横切茎部有黄白色乳状黏液,即菌脓(图 7-4)。

【发病规律】烟草青枯病菌主要在土壤及遗落在土壤中的病残及

图 7-4　青枯病

其他寄主上越冬,病原菌靠雨水、排灌水、病土、病苗、人、畜、生产工具及昆虫进行扩散传播,一般从根部的伤口侵入。高温(30 ℃以上)和高湿(相对湿度 90％以上)是青枯病流行的主要条件。土壤黏重、排水不良、湿度过高和连作发病重;土壤缺硼,有线虫或其他地下害虫伤害根部会加重病情。

【防治方法】①选用抗病品种。G80、G140、Coker176、RG11、RG17、K346、K358、K394 等都有一定的抗病能力。②加强栽培措施。提倡与禾本科作物轮作,尤其是水旱轮作;起垄栽培,开沟排水,施净肥,在缺硼烟田适当增施硼肥。③不在雨天或露水未干前进行各种有利于病菌传播的农事操作。④药剂防治。首先用溴甲烷消毒育苗土壤;20％乙霜青 1 000 倍液,或用 200 μg/mL 农用链霉素,栽后始病期开始用药,10～15 d 1 次,连续 2～3 次,每株灌 30～50 mL。

(2)烟草角斑病

烟草角斑病(angular leaf spot of tabacco)在我国山东、河南、安

徽、四川、贵州、云南、浙江、陕西、广西、辽宁、吉林、黑龙江等地都有发生，其中吉林、四川、山东、陕西等地发病较重。一般常和野火病混合发生，在流行年份严重的可造成绝产。

【病原与症状】烟草角斑病菌为假单胞杆菌属丁香假单胞菌烟草致病变种（*Pseudomonas syringae pv. tabaci*），是不产生野火毒素的一个菌系。

病害在各生育期均可发生，在烟株生长后期发生较重。在苗床幼苗上的病斑多在叶脉两侧形成不规则角状斑，暗褐色、小，以后症状逐渐明显。湿度大时病斑迅速扩大，几个病斑融合成大片坏死，叶片腐烂，幼苗倒伏。成株期发病叶片病斑受叶脉限制呈多角状或不规则形，深褐色至黑色，边缘明显，但无明显晕圈，在病斑中可以看到颜色深浅不同的云状轮纹，数个病斑可融合成一片。在雨后或空气湿度大时病斑呈水浸状，在叶背有菌脓溢出，干后成一层膜。茎、蒴果发病时形成不规则褐斑，茎部病斑多凹陷（图7-5）。

图7-5　角斑病

【发病规律】病菌在田间的病残体中和土壤里越冬,成为来年初侵染源;在种子里也可越冬。病害在苗期就可发生,当湿度大时病害便可蔓延流行,造成大片幼苗甚至整床烟苗发病死亡。轻病苗移栽到大田可发展为发病中心。病菌可随雨水反溅而引起发病,这些病株的病菌随风雨、灌溉水传播,从气孔或伤口侵入。暴风雨后病害可骤然上升。雨多湿度大,病害可在短期内暴发。天气干燥,病害发展可受到抑制。

田间若氮肥过多,打顶过早,密度过大均可促使发病加重。

【防治方法】①与禾本科作物轮作 3 年,不用马铃薯等茄科作物及大豆等作为前作。②清除病残体。要将病残株及早烧掉或深埋,田间要深翻。③种子消毒。用 0.1％硝酸银浸种 10 min 或用链霉素 200 μg/mL 浸 30 min,50 ℃温汤浸种 10 min 均可杀死种子内外病菌。④田间开始发病时立即喷施农用链霉素 200 μg/mL 或喷 1∶1∶200 波尔多液 500 倍液,或 50％DT500 倍液。每隔 10～15 d 喷 1 次,一般喷 2～3 次。

(3)烟草野火病

烟草野火病(tabacco wild fire)在我国各烟区均有发生,其中以黑龙江、吉林、辽宁、山东、四川、云南等省发生较重。有的烟田发病率高达 40％～60％,严重者可造成绝产。

【病原及症状】烟草野火病病原为假单胞杆菌属丁香假单胞菌烟草致病变种(*Pseudomonas syringae pv. tabaci*)。野火病主要为害叶片,也为害茎、蒴果、萼片。发病初期产生黑褐色水渍状小圆斑,有很宽的晕圈,以后病斑扩大,直径可达 1～2 cm,圆形或近圆形,褐色有轮纹。病斑愈合形成不规则大斑。天气潮湿,病部有薄层菌脓;天气干燥时,病斑破裂脱落,叶片被毁。茎、蒴果、萼片受侵染形成不规则褐色至黑褐色小斑,黄晕不明显(图 7-6)。

【发病规律】病原菌在病残体和种子上或其他寄主中越冬,借风

图 7-6 野火病

雨、昆虫和粪肥传播，从伤口或自然孔口侵入。病害发生流行与气候条件、品种抗性、栽培条件等因素有关，发病适宜温度为 28～32 ℃。湿度是影响该病的重要因素，特别是暴风雨后，易造成病害流行。一般氮肥过多、钾肥不足、生长过旺烟株易感病。

【防治方法】①选用抗耐品种，如白肋 21、KY14、G80 等较抗病；②加强栽培管理，培育壮苗，适期早栽，选无病株留种，播种前用农用链霉素 200 μg/mL 浸泡 30 min；③不能与大豆等寄主作物轮作；④秋季收烟后，销毁病残体；⑤发病后及时摘除病叶，并喷 1∶1∶160 倍波尔多液。团棵期、旺长期以及烟株封顶后各喷 1 次 200 μg/mL 农用链霉素或 50％DT 可湿性粉剂 500 倍液或 50％DTM 可湿性粉剂 500 倍液，每隔 10～15 d 喷 1 次，连续喷 2～3 次。农用链霉素和 DT 等农药应交替使用，以减缓野火病菌抗药性的产生。

4. 真菌病害介绍

(1)烟草黑胫病

烟草黑胫病（tobacoo black shank）是我国烟草上的重要病害之

一,黄淮烟区及其以南各烟区发生较重。

【病原与症状】烟草黑胫病又称"腰烂病",由鞭毛菌亚门的烟草疫霉菌[*Phytophthora parasitica var. nicotianae*(Breda de Haan)Tucker]引起,主要为害大田期烟株。苗期受害呈"猝倒"状;旺长期受侵染时茎上无明显症状,而根系变黑死亡,导致叶片迅速凋萎、变黄下垂,呈"穿大褂"状,严重时全株死亡。"黑胫"为此病的典型症状,霉菌从茎基部侵染并迅速横向和纵向扩展,可达烟茎 1/3 以上,叶片自下而上凋萎枯死。纵剖病茎,可见髓干缩成褐色"碟片状",其间有白色菌丝;在多雨季节,病菌孢子随雨水飞溅可以从抹杈等造成的伤口处侵入,形成茎斑,使茎易从病斑处折断即"腰烂";多雨潮湿时下部叶片易受侵染,形成直径 4～5 cm 的坏死斑,即"叶斑",又称"猪屎斑"(图 7-7)。

图 7-7　黑胫病

【发病规律】病菌以厚垣孢子和菌丝在病株残体内于土壤或厩肥中越冬,可存活 3 年以上,是主要初侵染菌源。田间病菌主要靠流水和农事操作传播。高温高湿有利于病害发生,而降雨和湿度是流行的关键因素。近年发现地膜烟的黑胫病比露地烟黑胫病早发生 10～15 d。

【防治方法】①种植抗病品种,NC82、K326、K346、NC89、中烟98、云烟 85、K394、中烟9203、中烟 14 等都是较抗病的品种。②实行 2～3 年与禾本科、甘薯等轮作。③施用净肥。④注意排水,防止田间积水,并起垄栽烟。⑤及时拔除病株并妥善处理,不得乱扔。⑥药剂防治。目前较好的药剂有甲霜灵和甲霜·锰锌。施药方法:成苗期,用25％甲霜灵或 72％甲霜·锰锌 500 倍液喷施或浇灌;移栽后 4～6 周向茎基部及其周围表土施药,以 25％甲霜灵 500 倍液灌根效果最好。目前在白肋烟上已发现黑胫病菌对甲霜灵产生很强的抗药性,在白肋烟上宜使用72％甲霜·锰锌或 25％普力克可湿性粉剂进行防治。

（2）烟草根黑腐病

烟草根黑腐病(tobacco black root rot)在我国分布广泛。河南、云南、广西、贵州、山东、安徽、湖北、四川等省(自治区)发生较重,近年来为害有所上升。

【病原与症状】烟草根黑腐病菌为根串株霉菌[*Thielaviopsis basicola*(Brek. et Br.)Ferraris],属半知菌亚门。幼苗期至现蕾期发病较重,主要侵染烟草根系,呈特异的黑色。幼苗很小时,病菌从土表部位侵入,病斑环绕茎部,向上侵入子叶,向下侵入根系,使整株腐烂,呈"猝倒"症状。较大的幼苗感病后,根尖和新生的小根变黑腐烂,大根系上呈现黑斑,病部粗糙,严重时腐烂,拔出时仅见到变黑的茎基部和少数短而粗的黑根与主干相连。发病苗床烟苗长势和叶色不均匀。大田期被侵染的烟苗生长缓慢,植株严重矮化,中下部叶片变黄枯萎,大部分根变黑腐烂,在病斑上方常可见到新生的不定根。在田间极少整田发病,多为局部或零星发病(图 7-8)。

【发病规律】根黑腐病是土传病害,主要以厚垣孢子和内生分生

图 7-8 根黑腐病

孢子在土壤中、病残体及粪肥中越冬后成为初侵染源。田间发病的最适温度为 17～23 ℃。土壤湿度大，尤其接近饱和点时，易于发病，当 pH≤5.6 时极少发病。

【防治方法】①选用抗病品种，NC82、NC89、NC60、G140、红花大金元等品种对根黑腐病有较好的抗性；②用溴甲烷等进行土壤消毒，培育无病壮苗；③与禾本科植物进行 3 年以上轮作；④田间科学管理，采用高垄栽培，施用腐熟的有机肥；⑤发病后可用药剂防治，移栽时每亩用 75％甲基托布津可湿性粉剂，50～75 g 拌细干土穴施，或加水 50 kg 浇施。发病初期可喷施 75％甲基托布津可湿性粉剂 1 000 倍液，也可用 50％多菌灵可湿性粉剂 500～800 倍液或 50％福美双可湿性粉剂 500 倍液灌根。

（3）烟草赤星病

烟草赤星病（tabacco brown spot），是我国烟草上的主要病害之一，全国各产烟区均有发生。主要在成熟期发病，东北、黄淮及西南烟区受害较重。

【病原与症状】烟草赤星病是由链格孢菌［*Alternaria alternata* (Fries)Keissler]引起的，属半知菌亚门。赤星病是烟叶成熟期的主要叶斑病害。病害从烟株下部叶片开始发生，随着叶片的成熟，病斑自下而上逐步发展。最初在叶片上出现黄褐色圆形小斑点，以后变成褐色。病斑的大小与湿度有关，湿度大病斑则大，湿度小病斑则小。一般来说最初不足 0.1 cm，以后逐渐扩大，病斑直径可达 1～2 cm。病斑圆形或不规则圆形，褐色，有明显的同心轮纹，外围有淡黄色晕圈。病斑中心有深褐色或黑色霉状物。病害严重时，许多病斑相互连接合并，致使病斑枯焦脱落，整个叶片破碎而无使用价值。茎秆、蒴果上也可产生深褐色或黑褐色圆形或长圆形凹陷病斑（图 7-9）。

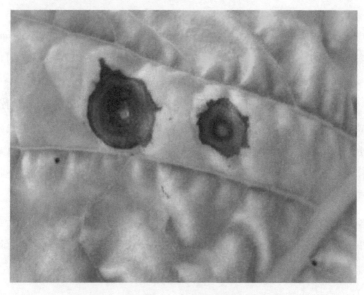

图 7-9　赤星病

【发病规律】病菌以菌丝在病株残体上越冬,尤以病茎上越冬效率较高。长距离传播主要靠风,雨水能作短距离传播。烟株幼苗期抗病,以后抗病力逐渐减弱,烟叶成熟后开始进入感病阶段。发病适宜温度为 23.7～28.5 ℃,降水多、空气湿度大、昼夜温差大、结露时间长,利于发病。

【防治方法】①选用抗病品种,较抗赤星病的品种有 G28 和 K346 等;②发展春烟,适时早栽;③培育壮苗,提高幼苗的抗病能力;④合理密植,适当增施磷钾肥,搞好田间卫生,彻底销毁烟秆等残体,减少侵染菌源;⑤药剂防治,结合采收底脚叶喷第一次药,一般要间隔 7～10 d,喷 2～3 次。药剂使用 40％的菌核净 400～500 倍液、10％宝丽安可湿性粉剂 800～1 000倍液,效果较好。

5. 其他病害介绍

(1)烟草根结线虫病

烟草根结线虫病(tobacco root knot nematode)是我国烟草上的主要病害之一,除黑龙江,吉林等省外,几乎各主要产烟区均有发生,发生较重的有四川、重庆、河南、云南、广西、湖南、湖北及山东等地,且有继续加重的趋势。

【病原与症状】病原为根结线虫(*Meloidogyne* spp.),属根结线虫属。我国有南方根结线虫、爪哇根结线虫、花生根结线虫和北方根结线虫等,目前多数烟区以南方根结线虫为优势种。从苗床期至大田生长期均可发生。苗床期发病一般地上无明显症状,至移栽前,幼苗根部有少量米粒大小的根结,须根稀少;大田生长期先从下部叶片的叶尖、叶缘开始褪绿,整株叶片由下而上逐渐变黄色,生长缓慢,高矮不齐。拔起病根可见大小不等的根结,须根稀少。许多根结相连,呈鸡爪状。土壤湿度大时,根系易腐烂(图 7-10)。

【发病规律】烟草根结线虫以卵、卵囊、幼虫在土壤中及遗留在土壤中的病株和其他寄主作物、杂草根系的根结中越冬。一般情况下干

图 7-10　根结线虫病

旱年份根结线虫病重,多雨年份轻;土质疏松、通气性好的沙壤土发病重,黏重土壤发病轻;春季温度回升快发病重。

　　【防治方法】①NC89、G80、K346、中烟 14 等对南方根结线虫1 和3 号小种抗病性较为稳定,但都不抗爪哇根结线虫和花生根结线虫,应密切注视根结线虫种群变化,及时调整栽培品种。②合理轮作。病田应实行 3 年轮作制。一般以禾本科作物及棉花等轮作为宜。③培育无病壮苗。采用溴甲烷熏蒸或磷化铝处理苗床土,清除病残体,及时清除田间杂草寄主。④增施有机肥,冬季深翻晒土。土壤消毒,每亩用 15%涕灭威 800～1 000 g(或 5%涕灭威2 400～3 000 g)、10%克线磷颗粒剂2 000 g等,在烟草移栽时穴施在烟株附近。

(2)烟草气候斑点病

烟草气候斑点病(tobacco weather fleck),各地普遍发生,为害较重的有云南、河南、福建、广东、山东和广西等省(自治区)。

【病原与症状】本病乃大气中以臭氧为主的污染物所致。大气中臭氧浓度 0.06～0.08 μg/g,与烟株接触 24 h 以上即可发病;若臭氧浓度提高则所需时间相应地缩短。若大气中又有二氧化硫等污染物,会有协同作用,所需臭氧浓度更低。症状因烟草生育期、气候及烟草品种的不同,有白斑、褐斑、环斑、尘灰、褐点等多种类型,其中以白斑型最为常见。白斑型发生于团棵后期中下部已充分伸展的叶片上。病斑圆形至不规则形,大小为 1～3 mm。初水渍状,后变褐色,再变白色。病斑中心坏死、下陷,甚至穿孔。褐斑型与白斑型相似,区别仅褐变后不再变白色。环斑型色泽也有白色和褐色,但这些白斑和褐斑常间断地组成 1～3 个环状斑。尘灰型似红蜘蛛为害状。褐点型病斑中心不明显。但不论何种类型,病斑均不透明,也无黑点或灰色霉状物(图 7-11)。

图 7-11　气候斑点病

【发病规律】烟草叶片快速生长至近成熟期,若冷空气来袭,引起连续低温、多雨、日照少,土壤水分含量高,烟草叶片细胞间隙充满水分,气孔张开,雨后骤晴,病害便可能大发生。烟株感染 CMV 或 PVY

后,病害便特别严重。不同品种对气候斑抗性有很大差异。

【防治方法】①选用抗耐病品种。②施足基肥,及时追肥,适当控制氮肥,按1∶1∶2至1∶2∶3配施磷钾肥;及时中耕除草,增加田间通风透光度。③药剂防治。从团棵期起,可用增效波尔多液300倍液、65%代森锌可湿性粉剂500倍液、50%甲基托布津可湿性粉剂700倍液等喷雾,每7～10 d喷1次,连喷2～3次,乙撑二脲(EDU)每亩喷施200～250 g,连喷3次,可获得显著防效。④控制空气污染,保护环境。

6. 烟草害虫介绍

(1)烟蚜

烟蚜(green peach aphid)(*Myzus persicae* Sulzer),又名桃蚜,属同翅目蚜科。我国各烟区均有分布。

【形态特征与为害状】无翅孤雌胎生蚜体长1.5～2.0 mm,长卵圆形,体色有绿、黄绿、暗绿、赤褐等多种颜色。

有翅孤雌胎生蚜体长约2 mm,头部黑色额瘤显著,向内倾斜,胸部黑色,腹部绿色或黄绿色(图7-12)。

图7-12　烟蚜

烟蚜具有明显的趋嫩性、避光性。有翅蚜对黄色有正趋性,对银灰色和白色有负趋性。烟蚜吸食幼嫩烟叶汁液,烟叶受害后烟株生长缓慢,叶片变薄、皱缩,同时分泌蜜露诱发煤污病,造成烟叶品质下降;有翅蚜可传播烟草黄瓜花叶病毒病等多种病毒病害。

【发生规律】烟蚜1年发生的代数,因地区而异,自北向南逐渐增多,西南烟区30~40代,东北烟区、黄淮烟区24~30代。烟蚜一般以卵在桃树上或以成、若虫在温室或越冬蔬菜上越冬。春季有翅蚜迁往烟草、早春作物和蔬菜上。迁入的有翅蚜胎生无翅蚜繁殖为害,秋季产生有翅蚜迁往十字花科蔬菜上。10月中旬以后产生有翅性母蚜迁往桃树,于10月底开始交尾产卵。卵多产于枝条的顶端、花芽和叶芽处。

【防治方法】在卵孵化后,桃叶未卷叶之前,防治桃树上的蚜虫,或在蚜虫向烟田迁飞之前,喷药防治其他作物如蔬菜、油菜及马铃薯等上的蚜虫,以减少迁移蚜的数量。苗床期可用纱网阻隔蚜虫进入苗床。

大田生长期,移栽时在烟株根际周围穴施15%铁灭克100~150 g/亩、5%涕灭威500~600 g/亩。其残效期在60 d左右,南方烟区应控制使用。蚜量上升阶段喷洒40%氧化乐果乳油1 000倍液、50%辟蚜雾3 000~5 000倍液,或90%万灵可溶性粉剂3 000~4 000倍液。及时打顶抹杈。也可利用麦烟套种、银灰色薄膜覆盖等措施,以减轻烟蚜的为害。

(2)烟青虫

烟青虫(tobacco budworm)(*Heliothis assulta* Guenée)又名烟草夜蛾,属鳞翅目夜蛾科。田间多与棉铃虫混合发生。烟青虫属多食性害虫,全国各烟区均有发生,以黄淮烟区,华中烟区及西南烟区的四川、贵州等地发生为害较重。

【形态特征与为害状】成虫体长15~18 mm。雌蛾身体背面及前翅为棕黄色,雄蛾为淡灰略带黄绿色,腹面淡黄色。卵半球形,高 0.4～0.5 mm,初产时乳白色,数小时后变为灰黄色,近孵化时变为紫褐色。初孵幼虫体长平均 2.0 mm,老熟幼虫 31～41 mm,头部黄褐色。幼虫体色因食物或环境条件的变化而变化,一般夏季为绿色或青绿色,秋季多为红色或暗褐色(图 7-13)。

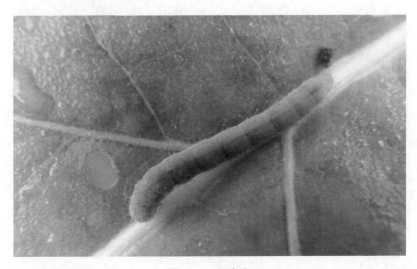

图 7-13　烟青虫

烟青虫在烟草现蕾以前为害新芽与嫩叶,将烟叶吃成小孔洞或缺刻,并随叶片生长孔洞增加,严重时几乎可将全叶吃光;留种田烟株现蕾后,为害蕾和花果,有时还能钻入嫩茎取食,造成上部幼芽、嫩叶枯死。

【发生规律】每年发生代数自南向北逐渐减少,南方烟区 4～6代,黄淮烟区 3～4 代,东北烟区 1～2 代。以蛹在土中越冬。一般在 4月底至 6 月中旬羽化。成虫多集中在夜晚活动。卵多散产在烟株中上部叶片正、反面绒毛较多的部位,也可产于嫩芽、嫩茎、花果及萼片上。

【防治方法】①冬耕灭蛹。②在发生量较少时可捕杀幼虫,于阴天或清晨,检查嫩叶,如发现有新鲜虫孔或虫粪时,可随即找出幼虫杀死。③利用性诱剂诱杀成虫:成虫盛发期挂置诱芯,诱芯有效期 20 d 左右,每亩设置 1～2 个诱捕器。④药剂防治。于幼虫 3 龄以前用 90％万灵粉剂 3 000 倍液,2.5％敌杀死乳油 2 000 倍液,50％辛硫磷乳油 1 000 倍液,Bt 剂(每克含 1 亿活孢子)1 000 倍液等喷洒。

(3)地老虎

地老虎(cutworms)类是为害烟草的主要地下害虫,在我国烟区发生的有 7～8 种,其中小地老虎分布面最广,为害最重,其次是黄地老虎和大地老虎,白边地老虎仅在东北烟区发生,为害较重。地老虎类均属鳞翅目夜蛾科,为杂食性害虫。

【形态特征与为害状】小地老虎成虫头部及胸部褐色或灰褐色,头顶有黑斑。雌虫前翅黑褐色,雄虫前翅棕褐色,肾形斑外有一黑色楔形斑与两个尖端向内的楔形黑斑相对。后翅灰白色。老熟幼虫体色较暗,灰褐色至暗褐色,体表粗糙,有龟裂状皱纹及黑色小颗粒。腹部末节的臀板黄褐色,有两条对称的深褐色纵带,有时不甚明显(图 7-14)。

图 7-14 地老虎

黄地老虎成虫前翅黄褐色,其上散布小黑点,肾状纹、环状纹及棒状纹明显,各斑纹边缘为黑褐色,中央暗褐色。老熟幼虫腹背面4个毛片大小相近,臀板中央有黄色纵纹,其两侧各有黄褐色大斑。

大地老虎雄蛾前翅前缘黑褐色,环形纹、肾形纹、外横线明显,肾形纹外有一黑色不规则斑,雌蛾前翅暗黑色,幼虫黄褐色,表皮多皱纹。

各种地老虎为害状基本一致,如小地老虎主要以第一代幼虫为害移栽至团棵期的幼苗,造成缺苗断垄;1～2龄幼虫取食嫩烟叶成小孔或缺刻;3龄后昼伏夜出,在近地面处咬断茎。

【发生规律】一般以幼虫越冬。卵多产于土块、枯草或多毛的叶子背面。成虫飞翔力强,有较强的趋化性和趋光性。耕作粗放、地势低洼及杂草较多的烟田受害重。

【防治方法】①深耕细耙,清除田间杂草。②黑光灯或糖酒醋水液(加少量敌百虫)诱杀成虫。新鲜泡桐叶诱捕幼虫(60～80片/亩)。③90%敌百虫晶体0.5 kg加水2.5～5.0 kg,喷在50 kg粉碎炒香的豆饼或麦麸上并拌匀,于傍晚撒到烟苗附近或于栽烟时封于烟窝中,每亩用量15～30 kg。④50%辛硫磷乳油1 000倍液或2.5%敌杀死乳油1 200倍液于幼虫3龄前喷施。

二、绿色防控措施

坚持以生物物理防治为主,辅助化学防治。

一是加强农业防治,以根系培育及保健栽培为中心推行深翻耕、深挖沟、深移栽、高起垄和水肥营养平衡的"三深一高一平衡"栽培技术,减少不必要的农事操作次数,强调卫生操作,控制病害传播源和传播途径。

二是加强生物物理防治,每1.5亩烟田安装1个诱捕器,全面覆盖诱杀烟青虫、棉铃虫。

三是用好低残留预防性药剂,全面应用波尔多液和抗性诱导剂"阿泰灵"等预防性药剂;继续推广生物防治技术;依托合作社对烟田周边环境实施统防统治;加强农药管控,所有农药由合作社统一采购管理,严格遵循施药剂量、方法、次数、防治时期和安全间隔期,最大限度减少用药种类和残留。

四是全面推广落实烟芽茧蜂防治烟蚜技术。

三、化学防治

严格按照当年度《农药推荐使用名录》进行化学防治,严禁使用名录以外农药。

1. 预防叶斑类病害

使用波尔多液在团棵期、旺长期预防 2 次;角斑、野火病发生时,用72％农用链霉素3 000倍稀释液防治;赤星病轻微发生时,用40％多菌核净可湿性粉剂稀释 400～500 倍喷雾防治;防治叶斑类病害时,要注意对叶片反正面同时喷洒药剂,以取得更好的防治效果。

2. 预防根黑腐和青枯病

抠苗封垵后,将农用链霉素 42 g/亩、甲基托布津 100 g/亩混匀,稀释1 000倍沿茎基部灌入根部。

3. 预防黑胫病

用58％甲霜·锰锌 100 g/亩,稀释 600 倍,喷淋烟株和茎基部,重点是茎基部。注意药剂使用应与预防根黑腐和青枯病间隔 3 d 以上。

4. 防控病毒病

于中苗井窖移栽掏苗出膜后、封垵培土前、下部不适用烟叶处理前,用20％中烟迎晨(20％吗胍·乙酸铜可湿性粉剂)50 g/亩,1 000倍稀释液,东旺毒消(24％混脂酸·碱铜水乳剂)600～900 倍稀释液,交替喷施。

5. 虫害防控

地下害虫用毒饵(敌百虫：麸皮＝1：100)在移栽时防治;烟蚜、灰飞虱与叶蝉用50％吡蚜酮2 500倍稀释液进行防控,分别于中苗井窖移栽掏苗出膜后、移栽后35 d、移栽后55 d各喷1次,每次亩用药量15～20 g;烟青虫用5.7％甲维盐(甲氨基阿维菌素苯甲酸盐)水分散粒剂每亩3 g兑水15 L喷雾,进行预防;虫情发生时,每亩每包(10 g)兑水15 L喷雾防治。

四、波尔多液

波尔多液是一种保护性杀菌剂,由硫酸铜、生石灰和水按一定比例配制而成。波尔多液已多年在烟草上广泛应用,可用于防治病毒病、叶斑类病害、气候斑点病、受机械损伤烟叶等。

配制比例为:硫酸铜：生石灰：水＝1：1：(160～200)。用10％～20％的水溶化生石灰配成石灰乳,用80％～90％的水溶化硫酸铜,然后将稀硫酸铜溶液慢慢倒入石灰乳中,边倒边搅拌,直至充分混合即成。配制时不能把石灰乳倒入硫酸铜溶液中,因为这样配制出的波尔多液容易沉淀,防病效果差,还会出现药害。配制好的波尔多液呈天蓝色,略带黏性,胶态沉淀稳定,悬浮性能良好,质地很细,沉淀速度较慢,是一种悬浊的药液,呈碱性反应,喷在烟上黏着力强,有效期可达15 d左右。如果配成的波尔多液呈蓝绿色或灰蓝色,质地较粗,甚至呈絮状,沉淀较快,则质量不好,影响防治效果。

配制使用注意事项:配制波尔多液时,不能使用金属容器和搅拌器;配制硫酸铜液时要做到完全溶解,以免沉淀和喷洒不均;波尔多液不宜久放,超过24 h后易变质。图7-15为配置波尔多液。

图 7-15　配置波尔多液

五、农药合理使用规程

农药合理使用规程见表 7-2。

表 7-2　农药合理使用规程

产品名称	防治对象	有效成分常用量	有效成分最高用量	施药方法	最多使用次数	安全间隔期/d
70％吡虫啉可湿性粉剂	烟蚜	3 g/亩	4.5 g/亩	喷雾	2	10
5％啶虫脒乳油	烟蚜	2 g/亩	3 g/亩	喷雾	2	10
0.5％苦参碱水剂	烟青虫	800 倍液	600 倍液	喷雾	2	10
25 g/L 溴氰菊酯乳油	烟青虫	2 500 倍液	1 000 倍液	喷雾	2	10
5％甲氨基阿维菌素苯甲酸盐可溶粒剂	烟青虫	0.15 g/亩	0.2 g/亩	喷雾	2	10
16 000 IU/mg 苏云金杆菌可湿性粉剂	烟青虫	制剂 50 g/亩	制剂 75 g/亩	喷雾	2	10
80％代森锌可湿性粉剂	炭疽病	64 g/亩	80 g/亩	喷雾	2	10
70％甲基硫菌灵可湿性粉剂	根黑腐病	1 000 倍液	800 倍液	喷淋	2	15
25％甲霜·霜霉威可湿性粉剂	黑胫病	800 倍液	600 倍液	喷淋茎基部	2	10
58％甲霜·锰锌可湿性粉剂	黑胫病	800 倍液	600 倍液	喷淋茎基部	2	10
40％菌核净可湿性粉剂	赤星病	500 倍液	400 倍液	喷雾	3	10
3％多抗霉素水剂	赤星病	800 倍液	400 倍液	喷雾	3	10
80％代森锰锌可湿性粉剂	赤星病	96 g/亩	128 g/亩	喷雾	3	10
52％王铜·代森锰锌可湿性粉剂	野火病	67.6 g/亩	78 g/亩	喷雾	3	10
80％波尔多液可湿性粉剂	野火病	600 倍液	400 倍液	喷雾	3	10
8％宁南霉素水剂	病毒病	1 600 倍液	1 200 倍液	喷雾	4	10
125 g/L 氟节胺乳油	腋芽	12.5 mg/株	14 mg/株	杯淋	1	10
330 g/L 二甲戊灵乳油	腋芽	100 倍液	80 倍液	杯淋	1	10
360 g/L 仲丁灵乳油	腋芽	100 倍液	80 倍液	杯淋	1	10

第八章

成熟采收与精准烘烤

一、适期成熟采收

1. 采收标准

严格掌握成熟度，做到下部烟叶适熟采收，中部烟叶成熟采收，上部烟叶充分成熟采收；正常情况下，参照叶龄、栽后天数及表面的成熟特征进行采收；同一炉采收的烟叶，品种、部位、成熟度应相同，整体素质应相近；鲜烟分类到位率 80% 以上。

2. 部位成熟特征

下部叶：叶片颜色由绿色开始变为黄绿色，以绿为主，黄绿各半；叶耳浅绿；茸毛部分脱落；主脉稍变白；叶尖、叶缘稍下垂。叶龄 50～60 d，移栽后 65～70 d（图 8-1a）。

中部叶：叶片呈较明显的黄绿色（8～9 成黄），叶尖、叶缘落黄明显；叶耳浅黄；茸毛大部分脱落；主脉变白 2/3 以上，支脉变白 1/2 以上；叶片自然下垂；茎叶角度增大。叶龄 70～80 d，移栽后 90～100 d

（图 8-1b）。

上部叶：叶片基本全黄（9～10 成黄），叶面发皱，出现明显的黄色成熟斑，叶尖、叶缘变白；叶耳淡黄；茸毛基本脱落；主脉全白，支脉变白 2/3 以上；茎叶角度明显增大，叶尖、叶缘向背面卷曲。叶龄 80～90 d，移栽后 110～130 d（图 8-1c）。

a.下部叶　　　　　　b.中部叶　　　　　　c.上部叶

图 8-1　烟叶成熟标准

3. 采收时间

烟株打顶后 10～15 d 开始采收。采收宜在上午 6—10 时进行。

4. 采收数量及次数

单株采收 5 次，前 4 次每次采 2～4 片叶，第 5 次上部 6 片叶充分成熟后一次性采收。第 1 次、第 2 次采收结束后，依据部位成熟特征停炉 7～10 d，再进行第 3 次、第 4 次采收；第 4 次采收结束后，停炉 10 d 进行第 5 次采收。

5. 采收方法

人工采收时,以中指和食指托着叶柄基部,大拇指放在叶柄上面,向下轻轻一压,向一侧拧下。采收时应轻拿轻放,避免因挤压、摩擦、日晒等造成损伤。

6. 采后堆放

烟叶采收后放置在阴凉处,叶基对齐,高度不超过 50 cm;当天采收,当天编烟装炉。

二、精准烘烤工艺

1. 变黄阶段

(1)烟叶变化要求:烟叶变黄达到黄片青筋,失水干燥达到凋萎塌架、勾尖、主脉变软(温度最高的层次)。

(2)干湿球温度控制:烟叶装炉后,关闭门窗和进风口,点火,5 h内将干球温度升至 36 ℃,湿球温度控制在 36 ℃,稳温 5 h 至烟叶叶尖变黄,风机低速运转;以 1 ℃/h 的升温速度,将干球温度升至 38 ℃,湿球温度控制在 37 ℃,稳温 20 h 至烟叶变黄 3~4 成,叶片失水稍软,风机低速运转;以 1 ℃/h 的升温速度,将干球温度升至 40 ℃,湿球温度控制在 38 ℃,稳温 24 h 至烟叶变黄 7~8 成,叶片失水全软,风机高速运转;以 1 ℃/h 的升温速度,将干球温度升至 42 ℃,湿球温度控制在 37 ℃,稳温 15 h 至烟叶黄片青筋,主脉发软,风机高速运转。

(3)注意事项:中后期视湿球温度和烟叶变化适排湿,防止烟叶硬变黄。

2. 定色阶段

(1)烟叶变化要求:全炉烟叶黄片黄筋,失水干燥大卷筒。

(2)干湿球温度控制:以 0.5 ℃/h 的升温速度,将干球温度升至

45 ℃,湿球温度控制在 37 ℃,稳温 15 h 至支脉变白,勾尖卷边,风机高速运转;以 0.5 ℃/h 的升温速度,将干球温度升至 47 ℃,湿球温度控制在 37 ℃,稳温 12 h 至烟叶黄片黄筋,叶片干燥 1/2 以上,风机高速运转;以 0.5 ℃/h 的升温速度,将干球温度升至 50 ℃,湿球温度控制在 38 ℃,稳温 5 h 至叶片干燥 2/3 以上,风机高速运转;以 1 ℃/h 的升温速度,将干球温度升至 54 ℃,湿球温度控制在 39 ℃,稳温 20 h 至烟叶大卷筒,叶片全干,风机高速运转。

(3)注意事项:烧火控温要准,保持温度稳定,防止升温过急和掉温。根据烟叶变化,灵活掌握烘烤温湿度,确定适宜的升温和定色速度。湿球温度前段宜掌握在 37 ℃,后段掌握在 38~39 ℃,适排湿,缓定色,防止因排湿定色过快出现回青或青筋,或因排湿定色过慢出现烤糟。

3. 干筋阶段

(1)烟叶变化要求:全炉烟叶主脉充分干燥。

(2)干湿球温度控制:以 1 ℃/h 的升温速度,将干球温度升至 65 ℃,湿球温度控制在 40 ℃,稳温 5 h 至主脉收缩,干燥 2/3 以上,风机低速运转;以 1 ℃/h 的升温速度,将干球温度升至 68 ℃,湿球温度控制在 41 ℃,稳温 8~10 h 至全炉烟叶的主脉完全干燥,风机低速运转。

(3)注意事项:严禁大幅度掉温,以防洇筋。严格控制干筋最高温度不超过 68 ℃,防止出现烤红。干筋期最高温度条件下不超过 12 h。青杂烟比例限定率≤10%。

三、烘烤设施装备

1. 普通砖混式常规烤房设施

普通挂杆密集烤房的结构如图 8-2 所示,基本结构包括装烟室和加热室,主要设备包括供热设备、通风排湿设备、温湿度控制设备。强制通风,热风循环,温湿度自动控制。按气流方向分为气流上升式和气流下降式,图 8-3 所示为气流下降式密集烤房的气流流向。

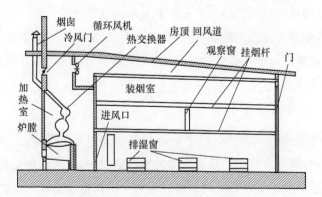

图 8-2　普通挂杆密集烤房的结构

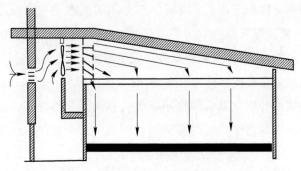

图 8-3　气流下降式密集烤房的气流流向

　　装烟室主要包括墙体、房顶、挂烟设备(烟叶挂杆)、门、观察窗、进风口、进风道、分风板、回风口、回风道、排湿窗口等。

　　加热室主要包括墙体、房顶、加热室门、火炉(煤炉)、换热器、烟囱、出灰口和炉下进风道、出风口、冷风进风口、回风口、回风量调节板、风机、风机支架等。

　　自动化温湿度控制系统包括温湿度控制器、温度传感器、湿度传感器、进风门电机和火炉鼓风机电机等。

以图 8-3 为例,装烟后点燃燃烧器,加热热交换器,利用风机使热风强制通过装烟室下面的多孔板,热风均匀地被压入隔热的装烟室内,通过烟叶层,加热烟叶,水分向上流动。湿热气流一部分从排气口排出,大部分与进气口的新鲜空气混合,再被热交换器加热,送入装烟室。如此使热气流在烟叶间循环,带走烟叶排出的水分,直到烟叶烘烤完毕下炕为止。

2. 空气源热泵新能源烤房

空气源热泵在烟叶烘烤中的运行原理如图 8-4 所示。它利用逆卡诺原理,吸收空气的热量并将其转移到烤房内,使烤房的温度提高,配合相应的设备实现烟叶的干燥。热泵干燥机由压缩机—换热器(内机)—节流器—吸热器(外机)—压缩机等装置构成一个循环系统。冷媒在压缩机的作用下在系统内循环流动,在压缩机内完成气态的升压升温过程(最高温度可达 100 ℃),后进入内机,释放出高温热量,加热烘干房内空气,同时本身被冷却并转化为液态,当它运行到外机后,液态迅速吸热蒸发再次转化为气态,同时温度下降至 $-30 \sim -20$ ℃,这时吸热器周边的空气就会源源不断地将热量传递给冷媒。冷媒不断地如此循环实现将空气中的热量搬运到烘干房内加热空气温度。空

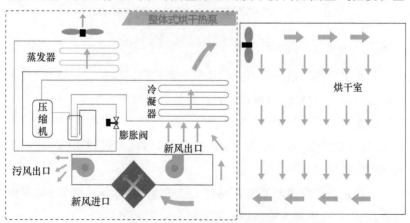

图 8-4　空气源热泵烘烤原理图

气源热泵具有升温、稳温性能稳定,操作方便,降低劳动强度,提升烤后烟叶质量,生态环保等优点。

3. 生物质成型燃料烤房

生物质成型燃料烤房以生物质燃烧机为标志,由生物质燃烧机代替传统燃煤加热炉,只需在原有炉门上加装生物质燃料供热设备,无须改装,安装简单。生物质成型燃料燃烧后产生的 SO_2、NO 要远低于煤炭,CO_2 的净排放量接近零,是一种运输方便、应用高效、清洁、可再生的燃料。生物质燃烧机结构原理如图 8-5 所示。它主要由控制器、上料口、料箱、减速机、电机、鼓风机、绞龙、点火器、炉排、机架等组成。不同厂家生产的生物质燃烧机略有区别,但基本结构大致相同。生物质燃料作为再生资源,不但降低了硫、碳等污染物的排放,更有利于资源的节约及循环利用。

图 8-5　生物质燃烧机

4. 风机控制要点

(1)变黄阶段

第一步,干球温度 38 ℃稳温时间:下部叶在 15 h 以上,中上部叶在 24 h 以上。保持湿球温度 36 ℃±0.5 ℃,中下部烟叶以达到八成黄,上部烟叶达到九成黄为准。开烤后 2 h 内风机转速 1 440 r/min,之后风机转速 960 r/min。

第二步,干球温度以 0.5 ℃/h 升至 42 ℃稳定,湿球温度 37 ℃±0.5 ℃,稳温 8 h 以上,以烟叶变黄达到黄片青筋九成黄、叶片充分失水凋萎、主脉发软、微有勾尖为准,风机转速 960 r/min。

(2)定色阶段

第一步,干球温度以 0.5 ℃/h 升速,下部叶升至 45 ℃稳定,中上部叶升至 47 ℃稳定,湿球温度 38 ℃±0.5 ℃。稳温时间以烟筋变黄(泛白)、叶片小卷边半干为准(中下部叶稳温 8 h 以上,上部叶稳温 18 h 以上),风机转速 1 440 r/min。

第二步:干球温度以 0.5 ℃/h 升速,升至 54 ℃稳定,湿球温度 39 ℃±0.5 ℃,稳温 8 h 以上(即便叶片已经干燥也要保证稳温时间),风机转速 960 r/min。湿球温度达不到要求时调整进风门。

(3)干筋期

进入干筋期,干球温度 55~60 ℃、湿球温度 41~42 ℃;干球温度 63~68 ℃、湿球温度 42.5 ℃,风机转速为 960 r/min,至烘烤结束。图 8-6 为常见的烘烤曲线。根据该曲线可以明确知道各个阶段的温度和时间情况。

(4)遇风机故障或停电

如果在烘烤过程中遇到风机或电机损坏,在更换前先要严封火门,关闭火闸压火,再打开风机和加热室的检修门,尽快更换风机或电机。如果遇到停电时,要及时切换电源到烤房发电机,保证风机运行

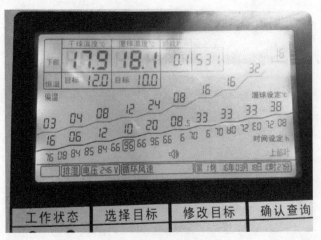

图 8-6 烤房烘烤曲线

正常。如果控制主机失控或损坏时,要及时维修,将自动烘烤模式转为手动操作进行烘烤。

第九章

烟叶分级与收购

一、烟叶分级

1. 卸炉回潮

（1）水分要求

手感干燥明显，手握沙沙作响；叶脉硬脆，很容易折断；以能够进行卸烟操作为准，含水量 13%～14%。

（2）自然回潮

烤烟季节空气湿度较大的情况下，要关闭门窗，把冷风进风口开到最大位置，持续开启风机，低速运转，利用烤房外界空气进行循环，达到为装烟室增湿的目的；风机开启的时间，要根据烟叶的回潮程度及外界空气湿度灵活掌握。

（3）强制回潮

烤烟季节湿度较小的情况下，烤房温度降至 40～45 ℃时，要利用加湿器（微雾加湿、超声波加湿等）或在加热室散热器中和地面加水，利用水分的汽化,进行加湿回潮。加湿时必须关闭进风门,同时开启风机进行空气内循环,在整个回潮期间循环风机不停运转。若回潮时供热设备已明显回冷,可再加热,温度控制在 40～45 ℃,促进水分的汽化,以使烟叶水分含量适宜。

2. 烟叶初分

(1)初分场所选择　选择干燥、背光、密闭、无异味、无污染的场所,储存烟叶房间的四周要用塑料薄膜围密,地上铺上塑料薄膜,烟叶按烤次、部位分开堆垛,离墙 30 cm 以上。门窗用黑色膜遮挡。

(2)烟叶初分技术　①下秆后的烟叶进行去青、去杂,按烤次整理成捆,清除非烟物质。②初分烟叶尽量在晴天进行,做到雨天不初分,防止烟叶回潮。初分时要按烤次、部位、颜色以好、中、差分别堆放;同一种颜色中以身份、油分来定初分等级。③控制非烟物质。在初分时要清除杂草等非烟物质。④分类堆放。初分后烟叶每5～10 kg打1捆,成捆后烟叶要根据所分等级进行分类堆放,便于交售。

3. 入户预检

(1)由烟农合作社委托社会专业机构原则上按照每400～600 亩1人的标准选聘预检员,实行网格化管理,每一名技术员配备1～2名预检员,负责入户预检工作。

(2)预检员依据收购样品加强对烟农分级过程的巡回检查指导,指导烟农进行初分,去青去杂,初分后青杂比例控制在5%以内。每5～10 kg打1捆。

(3)预检后的烟叶要达到烟叶质量均匀,部位颜色一致,无青杂,无非烟物质,水分合格,符合定级要求。预检员根据预检情况规范填写"入户预检表"和"预约分级交售单",当日上报烟站汇总填写"预约情况汇总表",并精准预约交售时间和数量,运输到指定的烟站分级交售。

二、烟叶交售

1. 收购样品制定

(1)按照国家烤烟 GB 2635—1992 文字标准和地区仿制标样执行。

(2)烟叶样品从当年的新烟中获取,由山东中烟工业有限责任公司和产区公司双方代表共同制样并签字封存,作为单元工商交接样品。

2. 专业化分级散叶收购模式

(1)模式采取"人烟分离、专业化分级、三员互控、公正合理"的专业化分级收购模式。

(2)分级 初检复核合格的 A 类烟叶直接进入快速通道交售;不合格的 A 类与 B 类烟叶进入普通通道,经专业化分级合格后定级交售。

图 9-1 为烟叶收购现场。

图 9-1 烟叶收购现场

(3)成包 烟站配备仓储辅助人员,成包前按烟叶质量进行重新排筐,实行小把入箱,齐头排放;不准窝烟,不得长边单向竖排,避免烟叶造碎。对装箱、打包、缝合、标识进行监督,保证包内和包间质量均匀一致,成包规格符合标准,包头二维码标识悬挂完整。做到当日成包当日清仓,单等级库存烟叶不得超过 40 kg。

(4)调运 全面推行成车即交、厂站直调。收购比例最大的两个等级上一日库存之和超过 400 担,即达到成车即交标准。县级公司制订调拨发货计划,烟站按照计划次日发货。发货前,烟站对待运烟包进行自查,对移库数量(件数)、纯度(青杂、水分、非烟物质)、重量(净重)检验,合格的,开具"烟叶调出质量检验报告单"和"移库单",与"准运证"随货同行,做到手续齐全、货证相符。根据烟叶调拨流向分类调复烤厂仓库存放,保证成批次烟叶质量均匀一致。

(5)山东中烟工业公司所需特色等级,全部实行单独收购,单独存放(包括调往中心库集中流转的烟叶)。

三、收购质量控制

(1)由工商双方代表成立收购质量监督检查小组,统一认识、统一眼光、统一标准。

(2)工商双方采取定期和不定期相结合的检查与抽查方式,对烟农分级和收购站点及调入中心库烟叶按照等级质量要求进行检查指导,检查结果及时反馈工商双方相关部门,作为烟叶工商交接的重要依据。

(3)规范收购秩序,净化收购市场,为烟叶收购提供和谐环境。

(4)对于混等级、混部位、混颜色的情况要及时提出整改要求,水分严重超限、霉烂、掺杂使假的烟叶一律不予收购。

(5)严格控制非烟物质,无尼龙绳(丝)、线头、动物毛发、塑料薄膜等非烟物质。引导烟农下杆时主动去除非烟物质。专业化分级场地和收购场地设置非烟物质筐,及时对塑料袋、捆扎绳等非烟物质进行收集,保持仓库地面清洁,无杂物,防止生活物品、包装物品等非烟物质混入烟包。

参考文献

[1] 山东省农业科学院,中国农业科学院烟草研究所.山东烟草[M].北京:中国农业出版社,1999.

[2] 中国农业科学院烟草研究所.中国烟草栽培学[M].上海:上海科学技术出版社,2005.

[3] 马兴华,石屹,王树声.烤烟优质高效栽培理论与技术[M].北京:中国农业出版社,2019.

[4] 朱贤朝,王彦亭,王智发.中国烟草病虫害防治手册[M].北京:中国农业出版社,2002.

[5] 吴洪田,张忠锋,徐立国.烟叶生产技术与管理创新[M].北京:中国农业科学技术出版社,2022.

[6] 2022年诸城市国民经济和社会发展统计公报,诸城市统计局.

[7] 2022年临朐县国民经济和社会发展统计公报,临朐县统计局.

[8] 2022年兰陵县国民经济和社会发展统计公报,兰陵县统计局.

[9] 罗登山,王兵,乔学义.全国烤烟烟叶香型风格区划解析[J].中国烟草学报,2019,25(4):1-9.

[10] 乔学义,王兵,熊斌,等.全国烤烟烟叶特征香韵地理分布及变化[J].烟草科技,2017,50(5):66-72.

[11] 乔学义,申玉军,马宇平,等.不同香型烤烟烟叶香韵研究[J].烟草科技,2014,(2):5-7,14.

[12] 徐波,张国超,包自超,等.山东各产地烤烟烟叶香型风格特征与差异[J].湖南农业科学,2020(8):88-92.

[13] 周会娜,刘萍萍,张玉霞,等.八大香型风格新鲜烟叶代谢特征的

生态成因分析[J]. 烟草科技,2022,55(6):19-26.

[14] 贾兴华,王元英,佟道儒,等. 烤烟新品种中烟 100(CF965)的选育及其应用评价[J]. 中国烟草学报,2006(2):20-25.

[15] 张玉,刘杨,王元英,等. 烤烟新品种中川 208 的选育及特征特性[J]. 中国烟草科学,2019,40(5):1-7.

[16] 晁江涛,吴新儒,宋青松,等. 烤烟新品种中烟特香 301 的选育及特征特性[J]. 中国烟草科学,2022,43(3):7-13.

[17] 孙延国,马兴华,黄择祥,等. 烟草温光特性研究与利用:Ⅰ. 气象因素对山东烟区主栽品种生育期的影响[J]. 中国烟草科学,2020,41(1):30-37.

[18] 孙延国,马兴华,姜滨,等. 烟草温光特性研究与利用:Ⅱ. 气象因素对山东主栽烤烟品种生长发育及产量的影响[J]. 中国烟草科学,2020,41(3):44-52.

[19] 孙延国,王永,张杨,等. 烟草温光特性研究与利用:Ⅲ. 基于温光效应的烟草叶片生长模拟模型建立[J]. 中国烟草科学,2022,43(4):6-14.

[20] 张重义,谢小波,王毅,等. 烟草化感自毒作用与其连作障碍研究的启示[J]. 中国烟草学报,2011,17(4):88-92.

[21] 于宁,关连珠,娄翼来,等. 施石灰对北方连作烟田土壤酸度调节及酶活性恢复研究[J]. 土壤通报,2008(4):849-851.

[22] 周挺,梁颂捷,张炳辉,等. 间套作防控烟草病虫害研究进展[J]. 中国烟草科学,2020,41(5):105-112.

[23] 芦伟龙,董建新,宋文静,等. 土壤深耕与秸秆还田对土壤物理性状及烟叶产质量的影响[J]. 中国烟草科学,2019,40(1):25-32.

[24] 刘勇军,周羽,靳志丽,等. 有机物料类型对烟草根际微生物及烟叶产质量的影响[J]. 土壤,2018,50(2):312-318.

[25] 孙艳茹. 山东烟区绿肥作物冬牧 70 黑麦生长的适宜水分温度条件研究[D]. 北京:中国农业科学院,2016.

[26] 常帅,闫慧峰,杨举田,等. 两种禾本科冬绿肥生长规律及腐解特征比较[J]. 中国土壤与肥料,2015(1):101-105.

[27] 芦海灵,张翔,李亮,等. 深耕和绿肥掩青条件下生物炭对烟叶产质量和土壤养分的影响[J]. 烟草科技,2021,54(5):14-22.

[28] 刘海伟,刘江,张金林,等. 山东烟叶杂气类型及其与化学成分的相关性研究[J]. 山东农业科学,2022,54(1):49-54.

[29] 王玉林,孙延国,高俊,等. 施氮量与种植密度对中烟100烟叶产量及化学成分的影响[J]. 山东农业科学,2022,54(7):113-121,134.

[30] 侯跃亮,李现道,杨举田,等. 山东省不同基因型烤烟新品种生态适应性研究[J]. 山东农业科学,2018,50(11):58-65.

[31] 鹿莹,梁晓芳,管恩森,等. 移栽时间对烤烟光合特性、产量和品质的影响[J]. 中国烟草科学,2014,35(1):48-53.

[32] 陈克玲,刘杨,夏春,等. 120cm行距下不同株距对烤烟品种干物质与氮钾养分积累的影响[J]. 山东农业科学,2022,54(9):99-105.

[33] 陈东,邹静,郭刚刚,等. 不同规格育苗盘对烟苗素质及主要生理特性的影响[J]. 作物杂志,2023(1):129-135.

[34] 刘继坤. 种植密度对烤烟品种NC55生长发育的影响及机制[D]. 北京:中国农业科学院,2018.

[35] 杜传印,王德权,夏磊,等. 水肥一体化条件下减施氮肥对烤烟生长及生理特性的影响[J]. 中国烟草科学,2018,39(6):29-35.

[36] 霍昭光,孙志浩,邢雪霞,等. 北方烟区水肥一体化对烤烟生长、根系形态、生理及光合特性的影响[J]. 中国生态农业学报,2017,25(9):1317-1325.